中等职业学校公共课教材

计算机基础教程

杨 英 主编

U0241403

北京·旅游教育出版社

策　　划：景晓莉
责任编辑：景晓莉

图书在版编目（CIP）数据

计算机基础教程 / 杨英主编. -- 北京 : 旅游教育
出版社，2019.7
中等职业学校公共课教材
ISBN 978-7-5637-3979-0

Ⅰ．①计… Ⅱ．①杨… Ⅲ．①电子计算机－中等专业
学校－教材 Ⅳ．①TP3

中国版本图书馆CIP数据核字 (2019) 第124874号

中等职业学校公共课教材

计算机基础教程

杨英　主编

出版单位	旅游教育出版社
地　　址	北京市朝阳区定福庄南里 1 号
邮　　编	100024
发行电话	（010）65778403　65728372　65767462（传真）
本社网址	www.tepcb.com
E - mail	tepfx@163.com
排版单位	北京旅教文化传播有限公司
印刷单位	北京柏力行彩印有限公司
经销单位	新华书店
开　　本	787 毫米 × 1092 毫米　1/16
印　　张	15
字　　数	358 千字
版　　次	2019 年 7 月第 1 版
印　　次	2019 年 7 月第 1 次印刷
定　　价	48.00 元

（图书如有装订差错请与发行部联系）

前　言

　　《计算机基础教程》是中等职业学校的公共课，具有很强的实践性和应用性。

　　教材采用理实一体化的教学理念，以国家一级 MS-Office 考试大纲的要求为依据编写而成。全书包括基本操作和综合实训两大部分，其中，基本操作包括计算机基础知识、Windows7 操作系统、文字处理系统 Word2010、电子表格 Excel2010、演示文稿 PowerPoint2010 以及计算机网络基础等内容。全书配有二维码教学资源，分别为全国计算机等级考试一级 B 的 489 道在线选择练习以及配套教学素材包。

　　通过本书，学生不仅可以掌握计算机基本知识与基本操作技能，还能培养其利用计算机解决问题的能力和意识以及使用计算机的综合能力。

　　本教材严格按照教学大纲要求，采用任务模块形式，通过实例，详细讲解了应用软件的使用方法。建议教学时数为 108 学时，其中，理论讲授和上机操作分别为 36 学时与 72 学时。

　　本教材由杨英主编，其中，杨英、吴全华编写第一章及全国计算机等级考试一级 B 的 489 道选择题，韩鸿定、张东浩编写第二章，冯成壮、谢昌立编写第三章，林忠编写第四章，段娟娟编写第五章，杜小弟编写第六章，杨桥、杜光烜、吴柳旸负责编写综合实训内容。全书定稿工作由杨英负责。感谢谢昌立、王峥老师前期对考试大纲知识的梳理。

　　由于编者水平有限，书中难免出现疏漏，敬请读者批评指正，在此表示衷心的谢意。

编　者

2019 年 4 月

目　录

基础操作篇

综合操作篇

基础操作篇

第一章

计算机基础知识

内容导读

　　早期的计算机主要用于科学计算，随着计算机技术的发展，人们将计算机广泛应用于文字排版、图像处理以及人工智能等领域，计算机成为人们生活中一种重要的工具。

　　本章主要讲述计算机概述、计算机系统的组成、计算机信息编码以及计算机病毒等内容。

任务 1 初识计算机

学习目标

（1）掌握计算机的基本硬件组成
（2）了解计算机的发展历史及发展趋势
（3）了解计算机的应用领域

任务分析

要知道什么是计算机，首先要了解计算机的发展史和与计算机的组成相关的知识。

知识链接

一、计算机概述

（一）什么是计算机

计算机是一种能快速、高效地对各种信息进行存储和处理的电子设备。它按照人们事先编写的程序对输入的数据（包括：文字、符号、声音、图形、图像等）进行加工处理、存储或传送，以获得预期的输出信息，并利用这些信息来提高社会生产率、改善人民的生活质量。

1946 年，在美国宾夕法尼亚大学，世界上第一台计算机诞生了，这就是 ENIAC（Electronic Numerical Integrator And-Calculator），如图 1-1 所示。其最初专门用于火炮弹道计算，后经多次改进而成为能进行各种科学计算的通用计算机。它的诞生揭开了人类科技的新纪元，并成为人们所称的第四次科技革命（信息革命）的开端。

图 1-1 ENIAC 计算机

（二）计算机的发展历程

从第一台计算机的诞生到现在，计算机在应用领域不断拓展，其系统结构也发生了巨大的变化。

在计算机的发展过程中，电子器件的变更起到了决定性作用，它是计算机换代的主要标志。

机器系统结构方面的改进和计算机软件的发展与计算机的更新换代有紧密的联系。按照计算机所用的逻辑元件（电子器件）来划分计算机的时代，可将其发展历史概括如下：

1. 第一代电子计算机（电子管时代）

采用电子管作为基本元件，其主要特点是：基本逻辑电路由电子管组成，机器的总体结构以运算器为中心。因此，这类机器运算速度比较低（一般为数千次至数万次每秒）、体积较大、重量较重、价格较高，主要应用于军事领域和科研领域进行数值计算。

2. 第二代电子计算机（晶体管时代）

它的特点是基本逻辑电路由晶体管电子元件组成，总体结构改为以存储器为中心。并且出现了多道程序，并行工作和可变的微程序设计思想。使计算机运算速度大幅度提高（可达数十万次至数百万次每秒），重量、体积也显著减小，使用越来越方便，应用范围也从科学计算扩大到数据处理和事务管理等领域。

3. 第三代电子计算机（中小规模集成电路时代）

它的特点是，基本逻辑电路由小规模集成电路组成。这类机器的运算速度可达数百至数千万次每秒，可靠性也有了显著的提高，价格明显下降。此外，产品的系列化，机器的兼容性和互换性，以及逐渐形成计算机网络等，都成为这一代计算机的特点。这一阶段的计算机向标准化、多样化、通用化的方向发展。

4. 第四代电子计算机（超大规模集成电路时代）

这一代电子计算机采用中、大和超大规模集成电路构成逻辑电路，并且组件已经是以子系统功能为基础。内存已普遍采用了半导体存储器，并且有虚拟存储能力。第四代计算机的容量大，速度快，计算机应用领域不断向各个方面渗透。

（三）计算机的发展趋势

1. 巨型化

巨型化是指向高速度、大存储容量和强大功能发展的巨型计算机。这主要是应用在军事、天文、气象、地质等计算数据量大、速度要求快、记忆信息要求量大的领域。

2. 微型化

采用更高集成度的超大规模集成电路（VLSI）技术将微型计算机的体积做得更小，使其应用领域更加广泛。

3. 网络化

网络技术将分布在不同地点的计算机互联起来，在计算机上工作的人们可以共享资源。网络的大小可以根据需要建立，最大的网络是国际互联网（Internet）。Internet 将遍布在世界各地的计算机连接在一起，形成一个巨大无比的"网络计算机"，所有的人都在这台大计算机上工作，他们共享软件、硬件和数据资源。

4. 智能化

是指发展能够模拟人类智能的计算机，这种计算机应该具有类似人的感觉、思维和自我学习能力。智能计算机就是我们期待早日出现的第五代计算机。

（四）计算机的应用领域

计算机的应用领域已渗透到社会的各行各业，正在改变着传统的工作、学习和生活方式，推动着社会的发展。

1. 科学计算

利用计算机可方便地实现数值计算，代替人工计算。例如：人造卫星轨迹计算、水坝应力计算、房屋抗震强度计算等。

2. 自动控制

计算机在自动控制方面的应用，大大促进了自动化技术的普及和提高。例如：用计算机控制炼钢、控制机床，等等。

3. 信息处理

指非科学、工程方面的所有计算、管理以及操纵任何形式的数据资料。例如：企业的生产管理、质量管理、财务管理、仓库管理、各种报表的统计、账目计算，等等。信息处理应用领域非常广阔。全世界将近 80% 的微型计算机都应用于各种管理。

4. 人工智能

利用计算机模拟人脑的一部分功能。例如：数据库的智能性检索、专家系统、定理证明、智能机器人、模式识别等。

5. 计算机辅助工程

计算机在计算机辅助设计（CAD）、计算机辅助制造（CAM）和计算机辅助教学（CAI）等方面发挥着越来越大的作用。例如利用计算机部分代替人工进行汽车、飞机、家电、服装等的设计和制造，可以使设计和制造的效率提高几十倍，质量也大大提高。在教学中使用计算机辅助系统，不仅可以节省大量人力、物力，而且使教育、教学更加规范，从而提高教学质量。

6. 娱乐与文化教育

随着计算机日益小型化、平民化，它逐步走进了千家万户，可用于欣赏电影、观看电视、玩游戏及家庭文化教育。

7. 产品艺术造型设计

这是工程技术与美学艺术相结合的一门新学科，它利用计算机结合艺术手段按照美学观念对产品进行艺术造型设计工作。在产品设计和艺术设计中计算机已成为必不可少的工具之一。

8. 计算机通信

随着因特网的普及，利用计算机实现远距离通信已经越来越方便。此外，计算机通信较普通的电信而言，成本低，并能进行可视化交流。目前被人们广泛应用的 IP 电话即是计算机通信的最新发展。

9. 电子商务

电子商务是指在计算机网络上进行的商务活动。它是涉及企业和个人各种形式的、基于数字化信息处理和传输的商业交易。它包括电子邮件、电子数据交换、电子资金转账、快速响应系统、电子表单和信用卡交易等电子商务的一系列应用，又包括支持电子商务的信息基础设施。

二、计算机系统的组成

一个完整的计算机系统由硬件（Hardware）系统和软件（Software）系统两部分组成。

硬件是指客观存在的物理实体，即由电子元件和机械元件构成的各个部件，软件是指运行在硬件上的和程序、运行程序所需的数据和相关文档的总称。

硬件为软件的运行提供了舞台和物质基础，软件是使计算机系统发挥强大功能的灵魂，两者相互配合完成完整的功能。

（一）计算机的硬件系统

1. 微处理器——CPU

微处理器（中央处理器，CPU）是电脑中最关键的部件，是由超大规模集成电路（VLSI）工艺制成的芯片，它由控制器、运算器、寄存器组和辅助部件组成。

运算器又称算术逻辑单元（ALU），运算器是用来进行算术运算和逻辑运算的元件。

控制器负责从存储器中取出指令、分析指令、确定指令类型并对指令进行译码，按时间先后顺序负责向其他各部件发出控制信号，保证各部件协调工作。

图 1-2　微处理器 -CPU

2. 内存储器

存储器是计算机的记忆部件，负责存储程序和数据，并根据控制命令提供这些程序和数据。存储器分两大类：一类和计算机的运算器、控制器直接相连，一般称为主存储器（内部存储器），简称计算机的主存（内存）；另一类存储设备称为辅助存储器（外部存储器），简称辅存（外存）。内存存取速度快，辅存一般由磁记录设备构成，如硬盘、U 盘、MP3、移动硬盘等，容量较大，但速度相对慢一些。

图 1-3　内存

3. 主板

主板是电脑系统中最大的一块印刷电路板，它是由印刷电路板、CPU 插座、控制芯片、CMOS 只读存储器、CACHE 存储器、各种扩展插槽、键盘插座、各种连接插座和各种开关及跳线组成的，如图 1-4 所示。

图 1-4　主板

4. 外部存储器

外部存储器包括硬盘存储器、光盘存储器及优盘等几大类。

（1）硬盘存储器。硬盘存储器简称为硬盘（HardDisk），由硬盘片、硬盘控制器、硬盘驱动器及连接电缆组成，如图所示。其特点是：存储容量大、存取速度快。如图 1-5 所示。

图 1-5 硬盘存储器

（2）光盘存储器。光盘（Optical Disk）是利用激光进行读写信息的圆盘。光盘存储器系统是由光盘片、光盘驱动器和光盘控制适配器组成。常见类型的光盘存储器有 CD-ROM，CD-R，CD-RW 和 DVD-ROM 等。

图 1-6 光盘存储器

（3）其他外部存储设备。包括移动硬盘、磁盘阵列、优盘等。如图 1-7 所示。

图 1-7 优盘

（4）输入设备。输入设备是向计算机输入程序、数据和命令的部件，常见的输入设备有键盘、鼠标、扫描仪、激光笔、数码相机、话筒等。

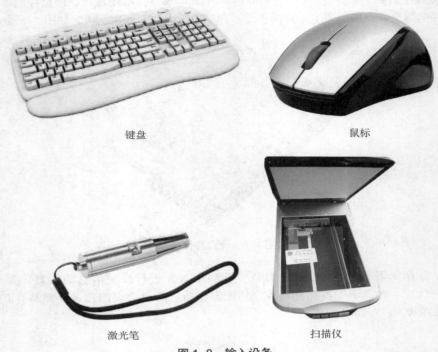

键盘　　　　　　　　　　　　鼠标

激光笔　　　　　　　　　　　扫描仪

图 1-8　输入设备

（5）输出设备。输出设备是用来输出经过计算机运算或处理后所得的结果，并将结果以字符、数据、图形等人们能够识别的形式进行输出。常见的输出设备有：显示器、打印机、投影仪、绘图仪、声音输出设备等。

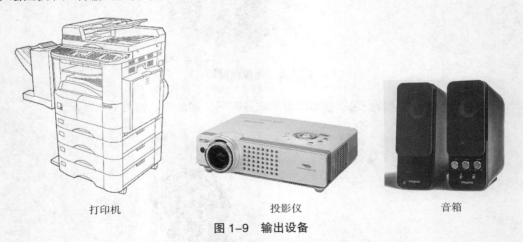

打印机　　　　　　　　投影仪　　　　　　　　音箱

图 1-9　输出设备

（二）计算机的软件系统

除了硬件系统外，计算机还必须配备优秀的软件系统才能发挥出其性能。软件是计算机的灵魂，没有软件的计算机就如同没有磁带的录音机和没有录像带的录像机一样，与废铁没什么差别。使用不同的计算机软件，计算机可以完成许许多多不同的工作。它使计算机具有非凡的灵活性和通用性。也正是这一原因，决定了计算机的任何动作都离不开由人安排的指令。人们针对某一需要而为计算机编制的指令序列称为程序。程序连同有关的说明资料称为软件。配上软件的计算机才成为完整的计算机系统。

软件系统又可分为系统软件和应用软件两大类。

1. 系统软件

系统软件是管理、监控、维护计算机资源（包括硬件与软件）的软件。它包括操作系统、各种语言处理程序（微机的监控管理程序、调试程序、故障检查和诊断程序、高级语言的编译和解释程序）以及各种工具软件等。

有代表性的系统软件有：

（1）操作系统。管理计算机的硬件设备，使应用软件能方便、高效地使用这些设备。在机上常见的有：DOS、WINDOWS、UNIX、OS/2 等。

（2）数据库管理系统。有组织地、动态地存贮大量数据，使人们能方便、高效地使用这些数据。现在比较流行的数据库有 FoxPro、DB-2、Access、SQL-server 等。

（3）编译软件。为了提高效率，人们规定一套新的指令，称为高级语言，用高级语言来编写程序（称为源程序）就像用预制板代替砖块来造房子，效率要高得多。完成这种翻译的软件称为高级语言编译软件，通常把它们归入系统软件。目前常用的高级语言有 VB、C++、JAVA 等，它们各有特点，分别适用于编写某一类型的程序，它们都有各自的编译软件。

2. 应用软件

应用软件是用户为了解决实际问题而编制的各种程序。如各种工程计算、模拟过程、辅助设计和管理程序、文字处理和各种图形处理软件，等等。应用软件是专门为某一应用目的而编制的软件，较常见的如：

（1）文字处理软件。用于输入、存储、修改、编辑、打印文字材料等，例如 WORD、WPS 等。

（2）信息管理软件。用于输入、存储、修改、检索各种信息，例如工资管理软件、人事管理软件、仓库管理软件、计划管理软件等。这种软件发展到一定水平后，各个单项的软件相互联系起来，计算机和管理人员组成一个和谐的整体，各种信息在其中合理地流动，形成一个完整、高效的管理信息系统，简称 MIS。

（3）辅助设计软件。用于高效地绘制、修改工程图纸，进行设计中的常规计算，帮助人寻求好设计方案。

（4）实时控制软件。用于随时搜集生产装置、飞行器等的运行状态信息，以此为依据按既定方案实施自动或半自动控制，安全、准确地完成任务。

与您分享

1. 键盘常用键的使用

（1）Enter 回车键。其作用是换行或确认命令。

（2）Shift 换挡键。按下此键后，主键盘上的字母键均变为小写字母，符号键变为上一行符号键，副键盘上的光标控制键变为数字键。

（3）Backspace 退格键。按下它可使光标后退一格，并删除一个字符。

（4）Esc 强行退出键。在菜单命令中，它常是退出当前环境，返回原菜单的按键。

（5）Tab 制表定位键。一般按下此键可使光标移动 8 个字符的距离。

（6）CAPSLOCK 大小写锁定键。用来切换字母的大小写。

（7）Alt 切换键和 Ctrl 控制键。它们一般不单独使用，经常与其他键组合成具有一定功能的复合键。

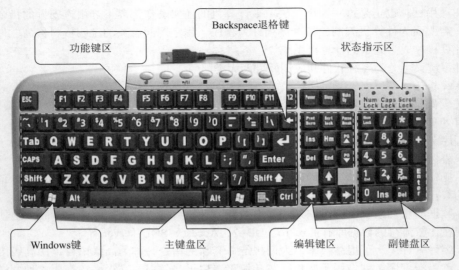

图 1–10　键盘区

2. 指法常识

图 1–11　指法分工位置

（1）准备打字时，左右手除拇指外的 8 个手指垂放在各自的基准键上（基准键分别是 A、S、D、F、J、K、L 及分号"；"键）。

（2）手指自然弯曲，手掌略往上拱起，手指放在按键盘中央。击键时，是用指尖快速轻击按键，而不是用手指按键。注意不要让手指趴在键盘上。击键过程中，靠手腕用力而不是靠手指用力。手腕略微悬空，通过手指的上下移动来完成击键动作。

（3）非击键的手指自然地停留在基准键上，两手同时击键盘时除外。

（4）击键完毕，手指应立即回到基准键上，为下一次击键做好准备。只有这样，才能快速熟悉各个键位的距离，做到准确击键。

任务检测

（1）计算机的硬件分别由哪些部分组成？

（2）Windows7、QQ、美图秀秀、C++ 分别属于什么软件？

任务 2 计算机信息编码

学习目标

（1）了解计算机的数据处理方法

（2）掌握二进制与十进制的转换办法

任务分析

计算机是对由数据表示的各种信息进行处理的机器。计算机是如何识别和处理数据信息的呢?

知识链接

计算机的最主要功能是处理复杂的信息。在计算机内部，这些信息必须经过数字化编码才能被传送、存储和处理。

在计算机内部，数据是以二进制的形式存储和运算的。之所以采用二进制数，首先是由于二进制数用电子器件比较容易实现，其次是二进制数运算比较简单。

1. 数据定义

数据（Data）是对事实、概念或指令的一种表达形式。经过收集整理的数据，就构成了可供人们使用的信息（1nformation）。

2. 数据单位

数据的一种形态是人类可读形式的数据（People Readable Form）。

数据的常用单位有位、字节和字。

（1）位（bit）。位是计算机中存储数据的最小单位，称为"比特"。

（2）字节（Byte）。字节是指二进制数中的一个位数，其值为"0"，它是计算机存储容量的基本单位，一个字节等于 8 位，即 1B=8bit。计算机存储容量的大小一般是用字节的多少来表示的，另外，经常使用的单位还有 KB（千字节）、MB（兆字节）、GB（千兆字节）和 TB（万亿字节），它们之间的转换关系为：

1KB=1024B   1MB=1024KB   1GB=1024MB   1TB=1024GB

（3）位（Word）。字是位的组合，又称计算机字或机器数，它是计算机进行数据存储和数据处理的运算单位。通常称 16 位是一个字，32 位是一个双字，64 位是两个双字。

3. 字符编码

字符编码以字母、数字以及专门符号的组合来表示。ASCⅡ码是最常用的字符编码。

（1）ASCⅡ码。ASCⅡ（American Standard Code for Information Interchange，美国信息交换标准代码）是基于拉丁字母的一套电脑编码系统，它是现今最通用的单字节编码系统。ASCⅡ码使用指定的 7 位或 8 位二进制数组合来表示 128 或 256 种可能的字符。ASCⅡ码大的小规则顺序是：数字的 ASCⅡ码 < 大写字母的 ASCⅡ码 < 小写字母的 ASCⅡ码。

（2）汉字编码。在计算机中，一个汉字通常用两个字节的编码表示。我国制定了《中华人民共和国国家标准信息交换汉字编码字符集（基本集 GB2312—1980）》，简称国标码，是计算机进行汉字信息处理和汉字信息交换的标准编码。在该编码中，共收录汉字和图形符号 7445 个，其中，一级常用汉字 3755 个（按汉语拼音字母顺序排列），二级常用汉字 3008 个（按部首顺序排列），图形符号 682 个。

4. 二进制数的特点

（1）数码有两个：0，1。

（2）逢二进一，借一当二。

二进制数按权展开方法是：设任意一个二进制数 B 具有 n 位整数：

$$B=B_{N-1}\times 2^{N-1}+B_{N-2}\times 2^{N-2}+\cdots+B_1\times 2^1+B_0\times 2^0$$

5. 二进制数与十进制数的相互转换

（1）二进制数转换为十进制数。转换方法是将二进制数按权展开相加即可得到相应的十进制数。

例：$(11101100)_2=1\times 2^7+1\times 2^6+1\times 2^5+0\times 2^4+1\times 2^3+1\times 2^2+0\times 2^1+0\times 2^0$

（2）十进制数转换为二进制数。转换方法分整数部分的转换和小数部分的转换两个部分。整数部分和小数部分的转换方法是不同的。

整数部分：除 2 取余法。

将已知的十进制数的整数部分反复除以 2，直到商是 0 为止，并将每次相除之后所得的余数按次序记下来，第一次相除所得的余数 Ko 为二进制数的最低位，最后一次相除所得余数 Ko 为二进制数的最高位。排列次序为 K_{I+1}，K_I，……K_1 Ko 即为转换所得二进制数。

例：将十进制数 $(268)_{10}$ 转换成二进制数。

解：转换过程如下：

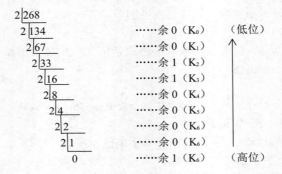

所以，$(268)_{10}=(100001100)_2$

任务 3　计算机病毒

学习目标

（1）了解计算机病毒的概念

（2）熟悉计算机安全操作与病毒防范措施

任务分析

经常使用计算机的用户或多或少都受过病毒的困扰。随着网络技术的不断发展，网络安全成为一项关乎用户切身利益的重大事情。这就是要求我们了解什么是计算机病毒，并掌握计算机病毒的防范措施。

知识链接

1. 计算机病毒的概念

计算机病毒，它是一种人为制造的（有意识或无意识地）破坏计算机系统运行和破坏计算机文件的程序。

计算机病毒不是天然存在的，它是某些人利用计算机软件和硬件所固有的脆弱性而编制的一组指令集或程序代码。正如医学上的病毒，计算机病毒一旦进入计算机内部系统，便会附随在其他程序之上，进行自我复制，条件具备时便被激活，进而破坏计算机系统或保存于系统中的数据。

2. 计算机病毒的特征

（1）破坏性和危险性。这是计算机病毒的主要特征。计算机病毒发作时的主要表现是占用系统资源、干扰运行、破坏数据或文件，严重的还能破坏整个计算机系统并使部分硬件损坏，甚至造成网络瘫痪，产生极其严重的后果。

（2）潜伏性。指计算机病毒具有的依附于其他程序而寄生的能力。计算机病毒一般不能单独存在，在发作前常潜伏于其他程序或文件中，进行自我复制、备份。

（3）传播性。指计算机病毒具有的很强的自我复制能力，它能在计算机运行过程中不断再生，迅速搜索并感染其他程序，进而扩散到整个计算机系统。

（4）激发性。病毒程序发挥作用需要一定条件，这些条件实际上是病毒程序内的条件控制语句。它依制作者的要求在条件具备时发挥破坏作用或干扰计算机的正常运行。这些条件通常是某一特定日期，也有一些如文件所运行的次数或进行了某一类的操作等。

（5）灵活性。计算机病毒是一种可直接或间接运行的小巧玲珑、精心炮制的程序，经常用附加或插入的方式隐藏在可执行程序或文件中，不易被发现。

3. 病毒传播途径

计算机病毒传播的主要途径是磁介质、网络。

磁介质是传播计算机病毒的重要媒介。计算机病毒先是隐藏在介质上的，当使用携带病毒的介质时，病毒便侵入计算机系统。因磁盘携带方便，并且是最常用的数据交换工具，因此是病毒传播的最佳介质。此外，硬盘也是传染病毒的重要载体。一旦某台计算机的硬盘感染了病毒，它会将该硬盘上的所有程序都染上病毒，在该机上使用过的磁盘也会感染上病毒。

随着网络的发展，其已成为计算机病毒传播的重要通道。网络可以使病毒从一个节点传播到另一个节点，整个网络中的所有计算机能在极短时间内都染上病毒。在使用网络传播病毒时，利用电子邮件的附件传播也很常见。

4. 计算机病毒的防范

计算机病毒的传播方式多种多样，且通常具有一定的隐蔽性，因此，应提高全民对计算机病毒的防范意识。

在计算机的使用过程中应注意下几点：

（1）尽量不使用来历不明的磁盘。

（2）备份硬盘引区和主引导扇区数据，经常对重要的数据进行备份。

（3）养成经常用杀毒软件检查计算机的良好习惯。

（4）防病毒软件不一定对所有的病毒都有效，而且病毒的更新速度也很快，所以应定期升级杀毒软件。

（5）随时注意计算机的各种异常现象，一旦发现有问题，应立即用杀毒软件仔细检查。杀毒软件是预防病毒感染的有效工具，应尽量配备多套杀毒软件，因为每个杀毒软件都有各自的特点。

5. 病毒检测工具

采用病毒检测的专用工具有两种：一种是扫描病毒的关键字。这种方法一般准确有效，但它只能对付已出现的病毒，对新病毒则无可奈何。另一种是校验软件。这种软件根据某种算法，对所有可能受病毒攻击的数据进行校验并将结果保存起来，每次运行时都会重算一遍数据并与前次的进行比较，若发现有被修改的文件，则会报告给用户。该方法能查到目标被改动的文件，但不能准确地确认病毒名称。

目前，国内的病毒检测工具很多，且一般都具有杀毒功能。但要注意，由于病毒不断产生新种和变种，质和量都在变化，因而使用任何病毒检测工具都不是万全之计。

第二章 Windows7 操作系统

内容导读

Windows 7 是微软公司推出的电脑操作系统，供个人、家庭及商业使用，一般安装于笔记本电脑、平板电脑、多媒体中心等。

Windows 7 操作系统大大提高了工作人员的工作效率，让工作变得更加轻松简单。

在本章中我们将学习如何操作 Windows 7 系统。

任务 4　初识 Windows7 操作系统

学习目标

（1）了解 Windows 7 操作系统桌面显示效果
（2）掌握设置添加新用户的操作方法
（3）掌握设置立体感窗口的操作方法

任务分析

许多用户的电脑桌面会布满各式各样的文件图标，因而会杂乱无章。要想有一个干净整齐的桌面，必须先熟悉 Windows7 的桌面设置方法。我们可以从功能强大的"开始"菜单或鼠标右键单击桌面空白处开始。

本任务模块将学习以下三种操作设置：设置包含"计算机""网络""控制面板"图标的 Windows 的桌面；使用"开始"菜单添加一个新用户；体现立体感的窗口转换效果。

任务实施

1. 设置包含"计算机""网络""控制面板"图标的桌面效果

操作方法如图 2-1 的几个步骤：

1. 在桌面空白处右击鼠标

2. 在出现的对话框中左击"个性化"

（1）

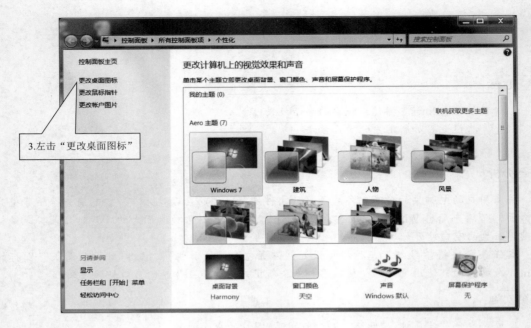

（2）

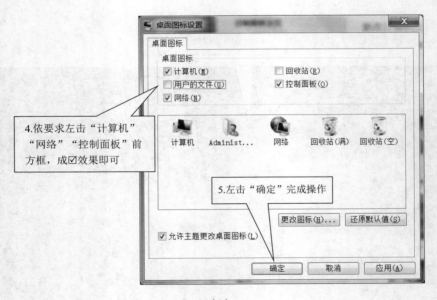

（3）

图 2-1　设置桌面效果

2. 使用"开始"菜单添加一个"小丁"新用户

先点击"开始"菜单按钮，在弹出如图 2-2 所示操作界面中进行下述具体操作：

（1）

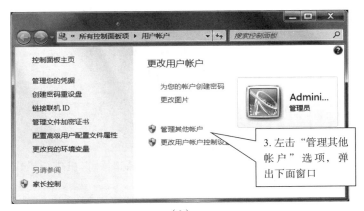

（2）

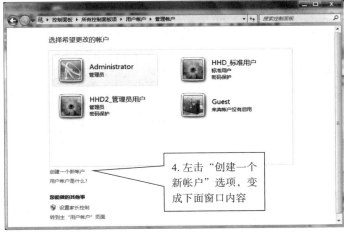

（3）

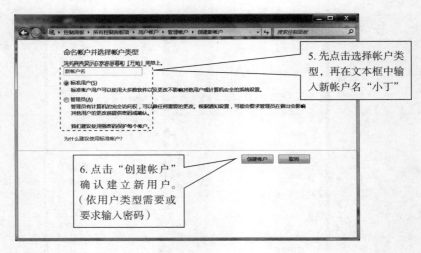

（4）

图 2-2　添加新用户

3. 实现立体感的窗口转换效果

操作步骤：首先确保 Windows 采用 "Aero 主题"，操作 Flip 3D 切换窗口功能。操作的方法如下：

（1）按住键盘上的 "Windows" 键（位于空格键的左右两边）；

（2）然后重复按 "Tab" 键（位于键盘左边中间）。

知识链接

一、桌面

Windows 是人们与计算机沟通的桥梁，它提供给人们对计算机进行操作的界面，是人们最终使用计算机进行各种应用工作的接口。

开机后进入 Windows7 操作系统，工作状态基本正常的计算机即可进入类似如下的界面——"桌面"，但"桌面"因每个人的设置不同而会出现不同的显示结果。

登录后的桌面一般如图 2-3 所示。

图 2-3　桌面

登录后的简洁桌面如图 2-4，其中的桌面图标被隐藏起来了。

图 2-4　隐藏桌面图标

要求密码登录进入的界面如图 2-5 所示。

图 2-5　多用户界面

1. 桌面的快速显示或隐藏

在使用计算机工作时，有时会打开比较多的窗口。这时，如果再要操作桌面上的图标，就有快速显示或隐藏桌面的需求。此操作的开关如下图所示。

图 2-6　桌面图标的显示或隐藏

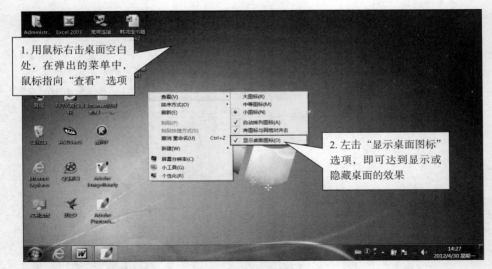

图 2-7　隐藏桌面图标

2. 图标的显示和排列

不同的电脑操作者有不同的查看电脑图标的方法,有人喜欢看大图标;有人却中意小图标;有人想按建立图标的先后顺序排列图标,以方便查找;有人却认为按名称排列最容易查找到图标。

3. 桌面的个性化显示结果

桌面的显示效果主要由"桌面背景"(由单个图片或多个图片的幻灯片组成)"窗口颜色""声音"综合表现出来,称为主题。如 Windows 7 自带的 Aero 主题等。我们可以通过改变"桌面背景""窗口颜色"或"声音"来改变桌面的显示效果,设置效果会立即体现出来。操作方法如图 2-8 所示。

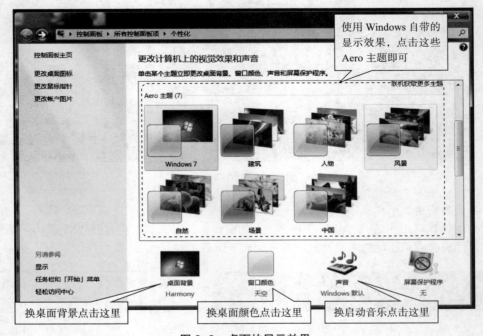

图 2-8　桌面的显示效果

二、关机

为了有效地保护系统和用户的数据，Windows 提供了一种安全的关机退出模式。当用户完成工作后，可按以下操作步骤关机（退出）：

图 2-9　关机

三、"开始"菜单

点击"开始"菜单按钮后，弹出的"开始"菜单可以成为任何计算机操作的开始，连"关机"都如此。一般说来，"开始"菜单主要开始如下几项工作：

- ·打开最近使用过的文件或程序。
- ·搜索文件、文件夹、程序或软件等。
- ·快速启动"计算器""画图""远程桌面"等经常使用的软件。
- ·设置系统。
- ·启动所有程序或软件。
- ·打开文件或文件夹。

1."开始"菜单的组成及变化

"开始"菜单初始弹出界面如下图所示。

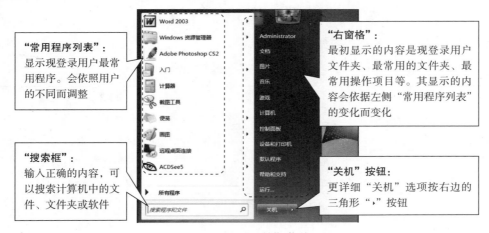

图 2-10　"开始"菜单

当鼠标指向左边"常用程序列表"时,"右窗格"的内容也跟着会发生变化。

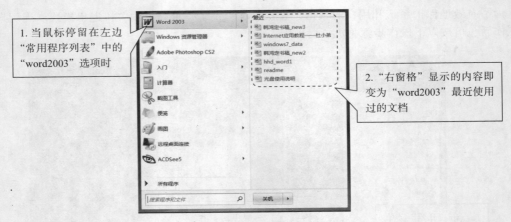

图 2-11 使用"开始"菜单

2. "开始"菜单"右窗格"的意义

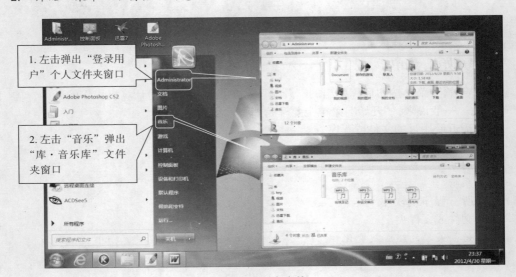

图 2-12 右窗格

"窗格"中的选项的操作内容如表 2-1 所示。

表 2-1 "窗格"中的选项操作内容

选项	打开的窗口	内容描述
用户名（如 Administrator）	个人文件夹	现用户特定的文件夹
文档	库▶文档库文件夹	现用户和公共的文本、表、幻灯片等文档
图片	库▶图片库文件夹	现用户和公共的图像文件
音乐	库▶音乐库文件夹	现用户和公共的音乐文件
游戏	库▶游戏文件夹	计算机中的所有游戏文件
计算机	计算机文件夹	主要浏览磁盘内容

续表

选项	打开的窗口	内容描述
控制面板	控制面板	对计算机进行设置，如功能、程序、用户等
设备与打印机	设备和打印机	打印机等外部设备
帮助与支持	Windows 帮助与支持	浏览与搜索使用 Windows 的帮助主题

四、使用"窗口"

1. "窗口"的组成

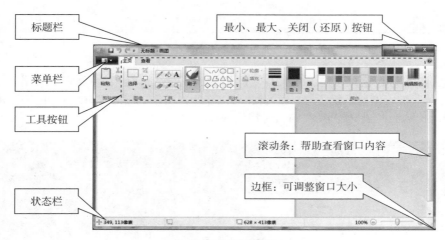

图 2-13　窗口界面

2. 多个"窗口"的切换操作

当在 Windows7 中打开了多个窗口时，需要快速切换窗口以查看其他窗口的内容。

可以采用下面的三种方法切换窗口。

（1）使用桌面最下面的"任务栏"左边部分。当鼠标指向"任务栏"左边部分的缩小窗口时，会把当前指向程序的所有打开"窗口"的缩略图显示在"任务栏"上。移动鼠标选择窗

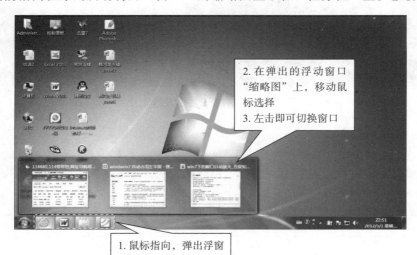

图 2-14　任务栏

口，左击可确认切换到该窗口，且最大化显示。

（2）使用"Alt+Tab"组合键。按住"Alt"键然后重复按"Tab"键，可以在所弹出的如下图所示的窗口缩略图中循环切换所有打开的窗口和桌面，当切换到所需窗口时释放"Tab"键即可。

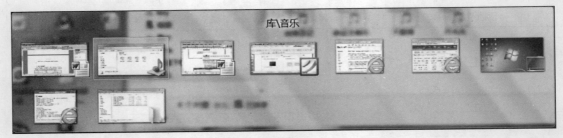

图 2-15　使用"Alt+Tab"组合键效果

（3）使用 Flip 3D 窗口切换。Flip 3D 功能是 Windows Aero 效果的一部分。操作的方法是按住"Windows"键，然后重复按"Tab"键，可以在所弹出如下图的窗口缩略图中循环切换所有打开的窗口和桌面，当切换到所需窗口时释放"Tab"键即可。

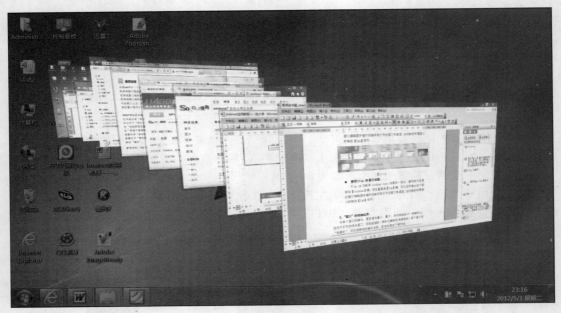

图 2-16　Flip 3D 功能

3."窗口"的特殊操作

对于打开的很多窗口，双击、拖动（用鼠标左键按住标题栏进行移动）或摇动（按住鼠标左键快速来回移动）某个窗口的"标题栏"，可达到特别的操作效果。具体效果如表 2-2 所述：

表 2-2　鼠标操作效果

鼠标操作	效果
双击"标题栏"	最大化该窗口（或还原窗口回原大小）
拖动窗口且鼠标触屏幕最上边	最大化该窗口

续表

鼠标操作	效果
拖动窗口且鼠标触屏幕最右边	该窗口占右半屏幕
拖动窗口且鼠标触屏幕最左边	该窗口占左半屏幕
摇动窗口	唯一显示该窗口，其他窗口隐藏（再摇动，其他窗口显示）

任务检测

（1）如何把一组照片设置成桌面的背景并且可以轮换显示？

（2）如何把图标中的文字放大显示，以方便视力不佳的人进行操作？

任务 5　管理文件及文件夹

学习目标

（1）理解文件与文件夹的基本概念

（2）掌握 Windows7 操作系统文件（夹）的基本操作

· 新建文件或文件夹

· 创建快捷方式

· 搜索文件或文件夹

· 重命名文件或文件夹

· 删除文件或文件夹

· 复制或移动文件或文件夹

· 设置文件属性

任务分析

在日常使用计算机存储文件时，有良好的电脑使用习惯是最重要的。

在本任务模块，我们将学习利用 Windows7 分类管理文件，包括新建立自己的文件夹；模糊搜索本计算机中文件保存在哪一指定的文件夹中；复制文件到指定文件夹中。

知识链接

一、磁盘的组织

通常，计算机系统中的软件系统会永久地保存在硬件系统中的"磁盘（硬盘）"上。所以，即使关闭计算机，保存好的软件系统也不会丢失。

同一块物理上的硬盘可以分成几个理论上各自独立的"磁盘"，通常取名为 C 盘、D 盘、E 盘、F 盘等。物理光盘或 U 盘顺延取名为 G 盘、H 盘等。计算机可以对上述 C 盘、D 盘等磁盘进行独立的删除、格式化、克隆等操作，而不影响其他磁盘。当 Windows 系统出现问题时，这样的磁盘组织将非常有利于重装系统。

双击桌面上的"计算机"图标，打开"计算机窗口"，显示磁盘组织如下：

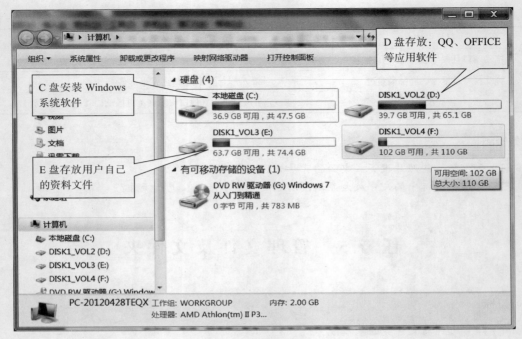

图 2-17   查看计算机

　　软件系统一般包括系统软件（用于管理计算机系统）、应用软件（进行具体工作的应用）、用户自己的信息资料（如个人照片等）三部分。由于三者作用不同，所以一般不适合存放在同一磁盘上。

　　在磁盘上存放软件系统最好如图 2-17 组织：

　　C 盘安装存放系统软件和设备驱动软件，如 Windows 7。

　　D 盘安装存放应用软件，如 Windows office2010、QQ、photoshop9 等。

　　E 盘存放用户自己的信息资料软件，如个人照片、音乐、文档等。

　　当然，以上组织方法不是强制要求的。

二、文件、文件夹及其位置（地址）、快捷方式的概念

　　1. 文件指按一定格式建立在外存储器上的信息集合

　　（1）文件有名称有图标，名称格式为"主名 . 扩展名"或"主名"。

　　（2）文件分类型，类型不同，"图标"不同，"扩展名"不同。

　　（3）文件都有唯一对应的位置（地址）。

　　（4）文件因所包含信息或设置的不同而具有不同的属性。如图标、类型（扩展名）、打开方式（软件）、位置（地址）、大小、属性等。

　　（5）打开文件需要相对应的软件，打开文件可了解文件的内容。

　　2. 文件夹是存放文件的地方，或者说是对文件进行分组的目录名

　　（1）文件夹有名称有图标，名称格式为"主名"。

　　（2）文件夹不分类型，只有一种类型、一种图标，无扩展名。

　　（3）文件夹都有唯一对应的位置（地址）。

　　（4）文件夹有文件一样的位置（地址）、大小和属性等。

　　（5）文件夹中可以再放置"文件夹"。

　　（6）打开文件夹只展开"文件夹窗口"，只是查看到"文件夹"中包含什么文件和文件夹。

右击任意一个文件或文件夹，在弹出的菜单中左击"属性"选项，比较文件和文件夹窗口信息的不同。

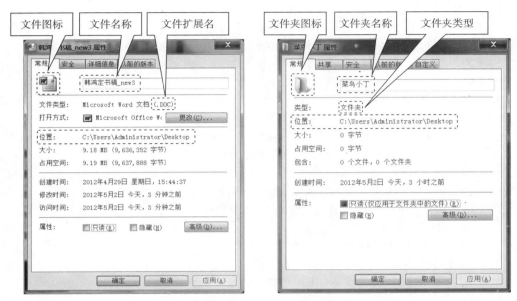

图 2-18 文件与文件夹的异同

比较文件和文件夹属性的异同：

表 2-3 文件和文件夹属性的异同

属性	图标	名称	类型	扩展名	打开	位置	大小
文件	多种	有	多种	有（或不显示）	需对应软件	唯一	有
文件夹	一种	有	一种	无	只展开窗口	唯一	有

3. 文件类型及对应图标

图 2-19 文件类型

上图中共有 1 个空白文件夹和 13 个文件，分属于 13 个类型的文件：

（1）AVI 视频文件：影像视频的文件。

（2）BMP 位图文件：图片文件。（常用类型）

（3）CONTACT 联系人文件：联系人记录文件。（新类型）

（4）DOC 文件（Word 文档）：文字处理文件。（常用类型）

（5）EXE 可执行文件：程序文件。

（6）FLV 视频文件：流行网页视频的文件。

（7）HTML 或 HTM 文件：网页文件。

（8）JPG 图片文件：图片文件。（常用类型）

（9）MP3 音乐文件：音乐文件。（常用类型）

（10）PPT 演示文稿文件：即幻灯片文件。（常用类型）

（11）RAR 压缩文件：压缩成的文件。

（12）TXT 文本文件：仅记录文字的文件。（常用类型）

（13）XLS 工作表文件：电子表格文件。（常用类型）

常用各种类型文件的扩展名：

（1）文本类型：.TXT、.DOC

（2）表格类型：.XLS

（3）图片类型：.BMP、.JPG、.GIF、.PSD

（4）动画类型：.SWF

（5）音乐类型：.WAV、.MID、.MP3

（6）影像视频类型：.AVI、.WMV、.MPG、.MP4、FLV

4. 文件或文件夹的"查看（显示）"方式

为了方便查看文件的细节或者文件夹的整体情况，可按以下方式方法操作。

文件或文件夹有几种不同的"查看（显示）"方式，如图 2-20 所示。

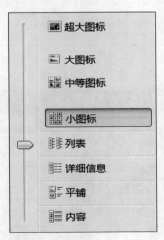

图 2-20　文件（夹）查看方式

图 2-21 为同样的两个文件的不同"查看（显示）"方式的结果。点击文件窗口右上角的"▼"即可弹出菜单，用鼠标拖动滑块即可以改变显示的结果。

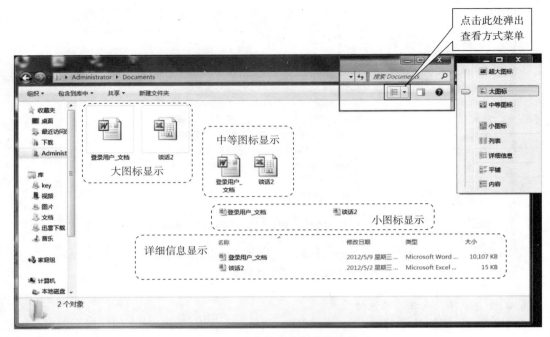

图 2-21 文件（夹）查看方法

5. 文件或文件夹的位置

文件或文件夹的位置用描述文件或文件夹存放在计算机中的位置的字符串标识，它由磁盘名、文件夹名和"\"组成。

如在下图的"文件夹窗口"中，左击图中所指"▼"处，14 个文件和文件夹的位置（地址）将显示如下："C：\Users\Administrator\Desktop\ 菜鸟小丁"。

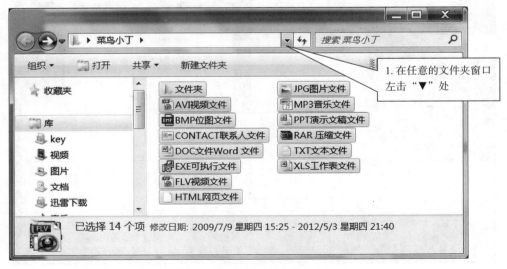

图 2-22 查看文件位置（1）

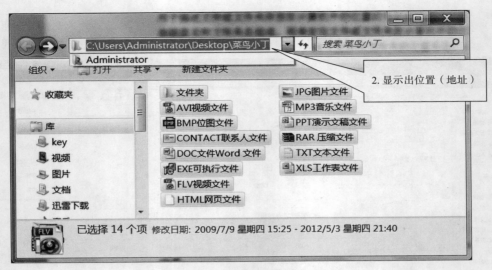

图 2-23　查看文件位置（2）

6. 文件、文件夹或程序的快捷方式

"快捷方式"图标几乎与对应的软件程序、文件、文件夹图标一样，但一般会在图标中增加一个小箭头标志。

"快捷方式"是 Windows 提供的一种快速启动软件、打开文件或文件夹的方法，常放置在桌面上。"快捷方式"与对应软件、文件、文件夹有链接关系，但删除"快捷方式"并不会影响对应的软件、文件、文件夹；反之，软件、文件、文件夹被删除了，则对应的"快捷方式"将不可启动了。

"快捷方式"图标通常带有"小箭头"。更准确的查看方法如下：

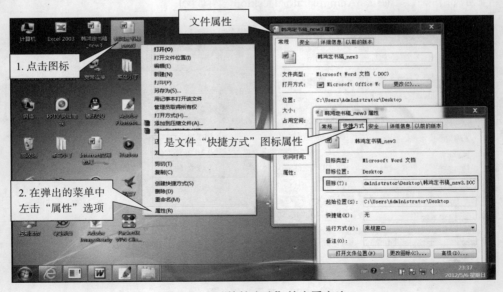

图 2-24　"快捷方式"的查看方法

"桌面"和"开始菜单"实际上是很多常用程序、文件和文件夹快捷方式的集合。但不是所有的图标都是快捷方式，具体如下图的标识：

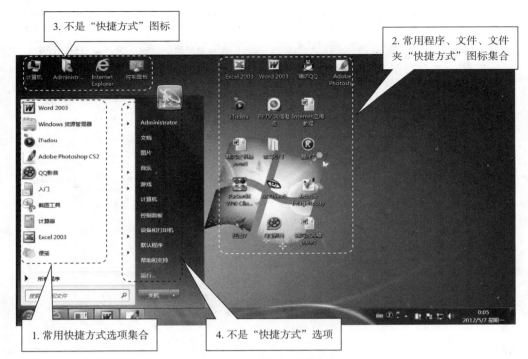

图 2-25　"快捷方式"的图标

一、文件或文件夹的常用操作

1. 在文件夹窗口中创建自己的文件夹

具体操作如下图所示：

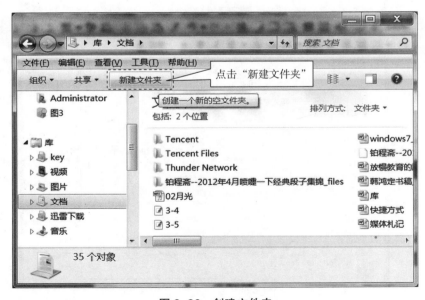

图 2-26　创建文件夹

上述操作只是方法之一，使用鼠标右键是另外一种方法，操作如下。

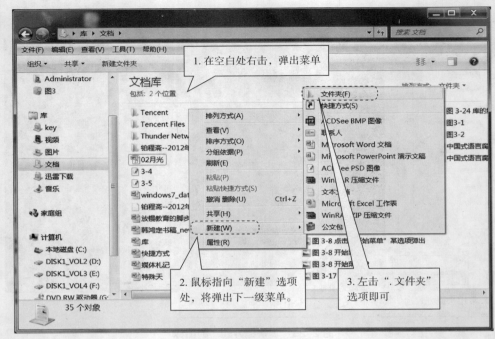

图 2-27　右键创建文件夹

2. 重命名文件或文件夹

具体操作如下图所示：

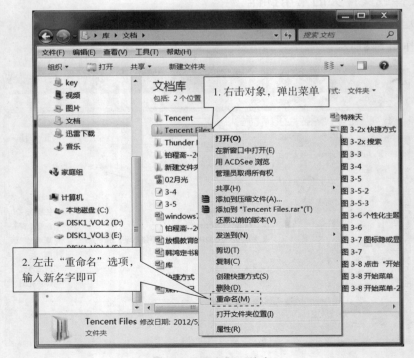

图 2-28　重命名文件夹

3. 选定文件或文件夹

具体操作如下所示：

选定类型	操作	效果（可观察细节框）
选定单个对象 （文件或文件夹）	左击对象	被选定，反蓝显示 （当前显示为浅灰色）
选定多个连续对象	自空白处开始拖出矩形框， 框内对象被选定	被选定，反蓝显示 （当前显示为深灰色）
选定多个不连续对象	先按住"Ctrl"键，再左击要选的对象	被选定，反蓝显示 （当前显示为浅灰色）
选定全部对象	先按住"Ctrl"键，再按"A"键	被选定，反蓝显示 （当前显示为浅灰色）
撤销选定对象	在空白处左击即可	反蓝消失

图 2-29　选择文件夹

文件夹窗口最底部是选定对象的"细节框"，综合描述选定对象的情况。

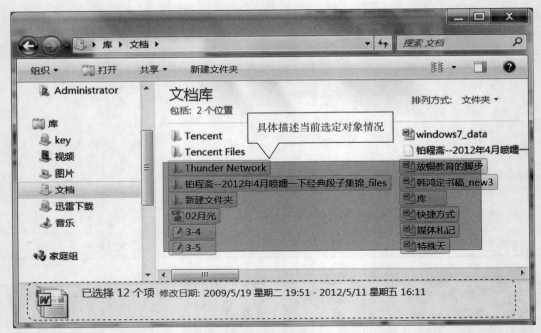

图 2-30　文件夹的描述

4. 文件或文件夹的排序

为了方便查找对象，经常会对文件或文件夹对象进行排序。排序的方式和操作方法如下图所示：

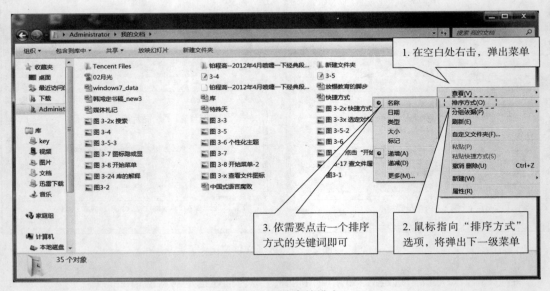

图 2-31　文件夹的排序

文件或文件夹最常用的排序方式如下（可递增或递减排序）：

（1）依名称。

（2）依日期（建立文件的日期）。

（3）依类型。

（4）依大小。

5. 复制和移动文件或文件夹

在"文件夹窗口"中可以轻松又直观地复制和移动文件或文件夹。

"移动"文件，指文件从原位置上消失，而出现在新指定的位置上。

"复制"文件，指原位置上的源文件保留不动，同时还在指定位置上建立与源文件一模一样的拷贝（或副本）。

复制和移动的方法很多，在进行复制或移动操作之前，需考虑分析 3 个要素：

第 1 个要素：复制什么文件或文件夹，即复制的对象。

第 2 个要素：要复制的文件在什么位置（地址）下，即源地址。

第 3 个要素：文件或文件夹要复制到什么位置（地址），即目标地址。

例如：复制当前用户下"我的图片"文件夹中的文件"Administrator 用户的图片 .jpg"到桌面下的文件夹"菜鸟小丁"中。具体分析及操作步骤如下：

第 1 个要素：即复制的对象为文件"Administrator 用户的图片 .jpg"。

第 2 个要素：源地址为当前用户下"我的图片"文件夹位置。

第 3 个要素：目标地址为桌面下的文件夹"菜鸟小丁"。

无论是源地址还是目标地址，都可点击"地址栏"的"▼"按钮查看。

本例具体操作如下：

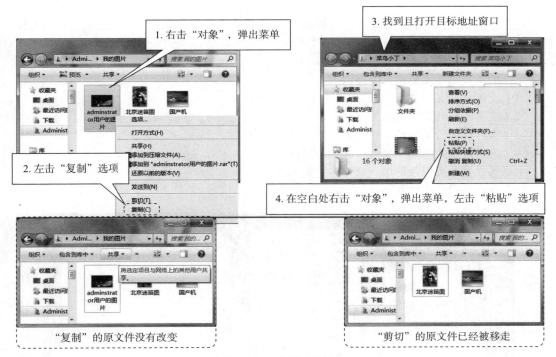

图 2-32　复制文件夹

复制和剪切可以通过拖放鼠标来完成，其不同之处在于是否按"Ctrl"键。

复制对象时，可以使用"Ctrl"＋"C"键；剪切对象时，可以用"Ctrl"＋"X"快捷键操作，但二者必须用"Ctrl"＋"V"组合键才能完成粘贴操作。

6. 删除文件或文件夹

先选定要删除的文件，在选定的文件上右击鼠标，在弹出的菜单上左击"删除"命令或按"Del"键，在弹出的确认窗口中选择"是"。

操作方法如下：

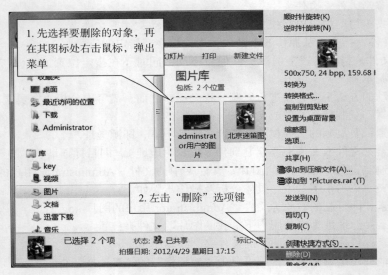

图 2-33　删除文件夹

用上述操作删除的文件可从"回收站"中恢复。从"回收站"中删除的文件一般不可恢复。

7. 查看文件或文件夹的属性

文件的常规属性主要包括下面内容：

（1）文件名及文件类型。

（2）文件的打开方式（软件）。

（3）文件的位置（地址）、大小。

（4）文件的创建时间、修改时间和访问时间。

上述属性信息可以帮助用户更好地了解文件。

查看属性的操作步骤如下：

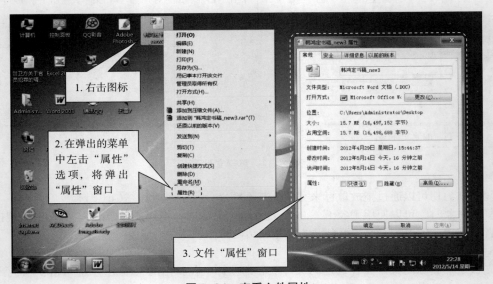

图 2-34　查看文件属性

文件的属性在很多时候特指只读、隐藏等属性：

（1）只读：只能查看其内容，不能修改。

（2）隐藏：表示该文件或文件夹是否被隐藏。当属性设置为隐藏时，有下面两种显示结果：第一种情况是文件不再显示出来；第二种情况是文件以淡色灰显示出来。这取决于 windows 系统的设置。

设置文件或文件夹属性的操作步骤如下：

按前面所述操作打开"属性"窗口后，再进行如下操作：

图 2-35　设置文件的属性

8. 为"计算机应用基础（第 2 章 windows7）.doc"文件在当前文件夹中创建快捷方式

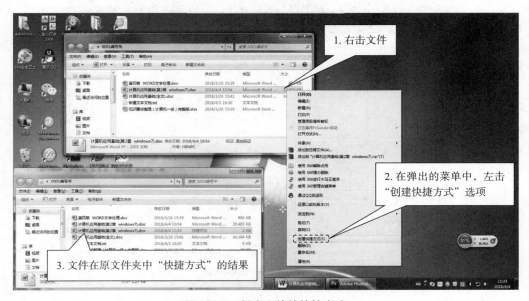

图 2-36　创建文件的快捷方式

9. 为"第四章 Word 文字处理 .doc"文件在桌面上创建快捷方式

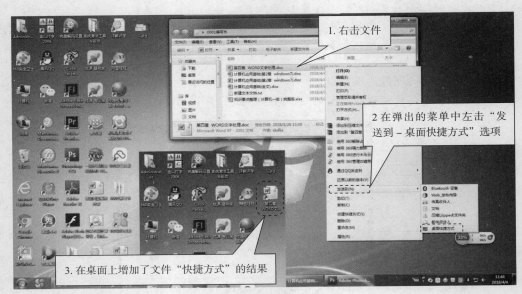

图 2-37　在桌面创建文件快捷方式

二、组织管理文件和库的应用

快速、准确地找到需要的文件是高效地使用计算机的基础。除了文件夹、用户的应用以外，Windoes7 还增加了"库"对文件进行组织管理的新功能。库的应用在越来越多的文件的管理中，以及在越来越广的网络环境下体现出其强大的功能。

用户最常处理的文件一般有视频、图片、文档、下载、音乐等几类，相应地，库也默认分为上述几个子库（如图 2-38 所示）。当然，如此分类是可增减的。

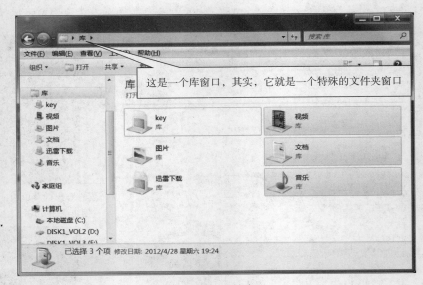

图 2-38　库的窗口

库的应用可以理解为跨多个文件夹管理文件的一种快捷管理方式。库窗口是特殊的文件夹窗口。下面"图片库"中的 3 个图片分别来自 2 个文件夹。

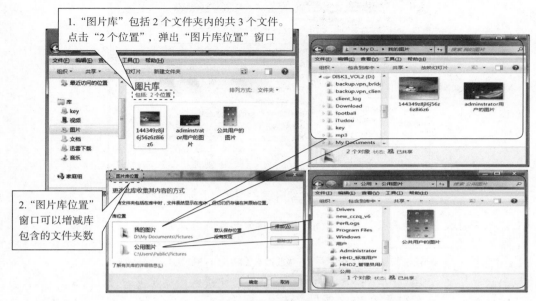

图 2-39　库的管理

不同文件夹中的文件可以在一个库中进行索引排序，这是"库"的新功能。

1.使用"搜索窗口"查找本电脑中的电子表格文件（即".xls"文件）

如果操作者对要查找的文件或文件夹对象了解很少，仅知道如"文件名"等"关键字"时，最好的方法是使用"搜索窗口"来查找这些对象。

"搜索的结果"往往由"搜索的范围"来决定。

下面用两种常用的"搜索窗口"来搜索本机中的".xls"文件。

（1）使用"开始菜单"的"搜索框"，可查找到对象。操作如下图所示：

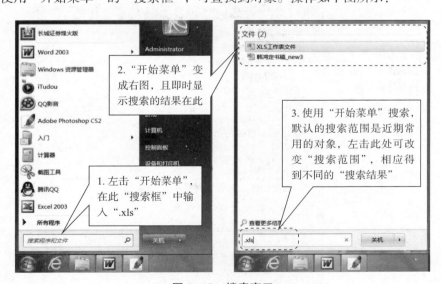

图 2-40　搜索窗口

（2）使用"文件夹窗口"右上角的"搜索框"，可查找对象和保存对象。

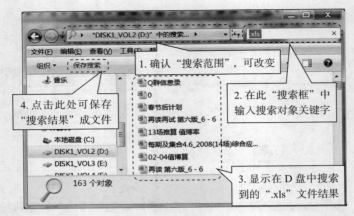

图 2-41　查找对象

2. 在"文件夹"窗口更改"搜索位置"重新搜索的操作方法

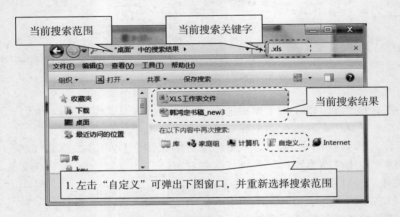

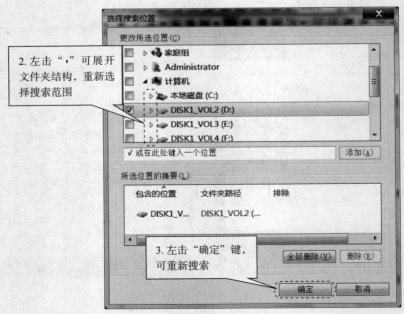

图 2-42　搜索操作步骤

3. 在"文件夹"窗口保存搜索结果成文件的操作方法

搜索的结果可以保存成新类型的文件，扩展名为".search-ms"。具体操作步骤如下图所示：

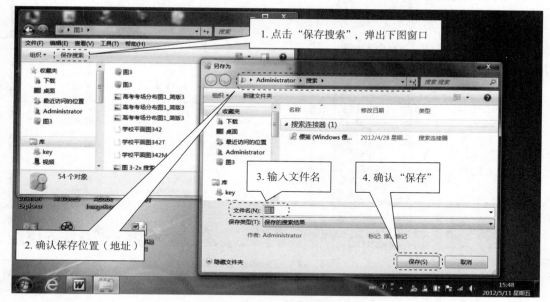

图 2-43　保存搜索结果

（1）找出新建文件夹的三种操作方法。

（2）说说库与文件夹的关系。"库"与"云"有什么异同？

任务 6　熟悉 Windows 7 的常用设置

学习目标

（1）了解控制面板的作用及其对工作环境的管理

（2）了解 Windoes 操作系统中常用应用程序的使用方法

任务分析

熟悉"控制面板"中的常用设置。首先设置适合自己的计算机的"分辨率"和"字体"显示效果，再设置调整计算机的"输入法"排列次序，然后试着给计算机安装一台打印机。

任务实施

一、设置适合自己的计算机"分辨率"和"字体"大小显示效果

1. 打开"控制面板"窗口

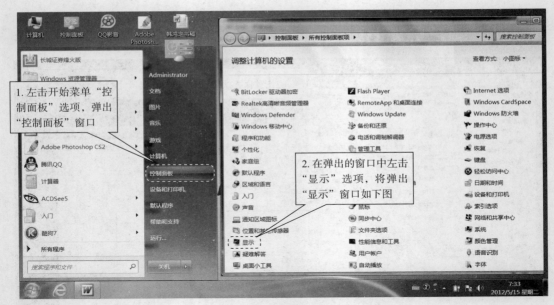

图 2-44　控制面板窗口

2. 在"显示"窗口中设置合适的"分辨率"

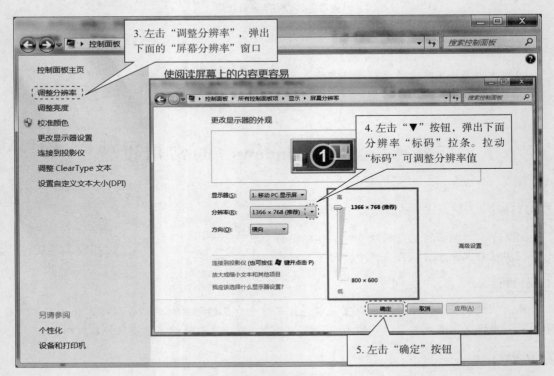

图 2-45　设置分辨率

3. 在"显示"窗口中设置合适的"文本大小"

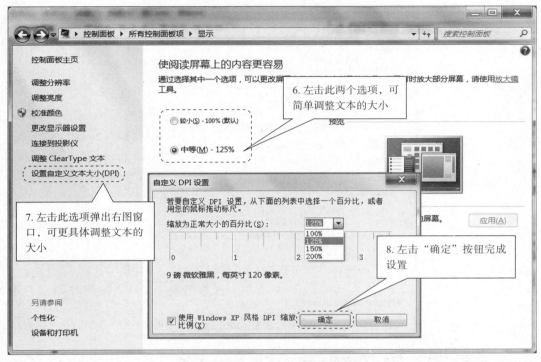

图 2-46　设置显示效果

二、设置调整"极品五笔"排列次序到输入法第二的位置

1. 打开"控制面板"窗口

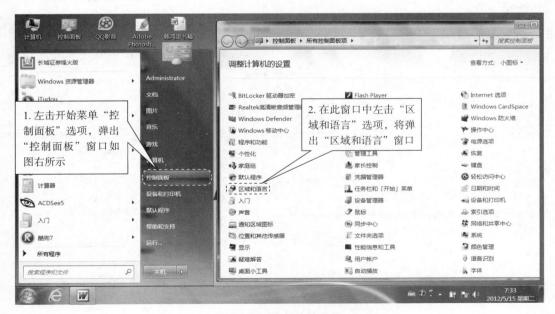

图 2-47　输入法的设置

2. 设置"区域和语言"窗口中的"键盘和语言"标签

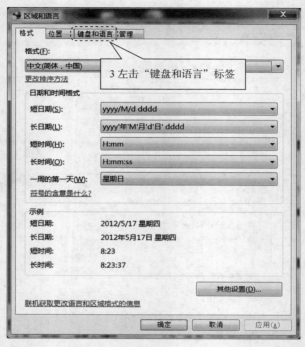

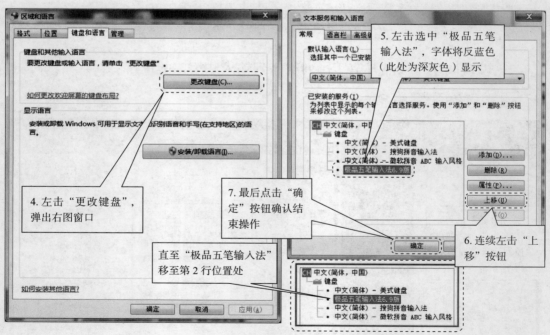

组图 2-48   输入法的设置

三、给计算机安装一台打印机

1. 打开"设备和打印机"窗口

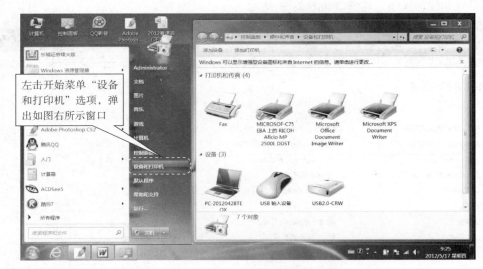

图 2-49 安装新设备

2. 在"设备和打印机"窗口中安装打印机

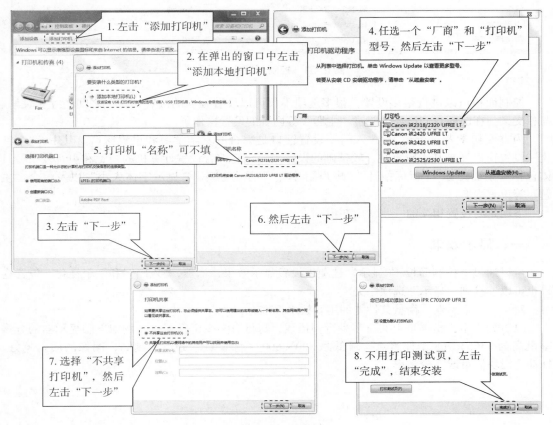

图 2-50 安装打印机的方法

知识链接

控制面板是用户可以自己对 Windows7 的各项默认设置进行调整的应用程序，其中包含各种系统设置和管理程序。其窗口如图 2-51 所示。

图 2-51　控制面板的板项

控制面板可以进行很多设置，很多选项不仅可以设置独立的内容，选项之间还互相关联、互相交叉。在前面我们已经体验过"主题"等内容的设置操作了。

为方便初学者进行学习，"入门"设置窗口是综合的基本学习和设置窗口。其中，"个性化"设置窗口又是其中较直观、较基础的设置内容，它综合设置计算机的视觉和声音效果，具体包括"桌面图标""鼠标指针""帐户图片""显示分辨率""显示字体大小"以及综合"主题"等设置内容。

下面是与设置相关的一些常用知识。

一、显示效果

可以通过"控制面板""显示"选项来设置显示效果，当然，"入门"和"个性化"设置窗口也可以连接到"显示"选项中去。

对于一个显示器，衡量其性能的主要技术标准有：

（1）分辨率：指屏幕上共有多少行扫描线、每行有多少个像素点。例如下图显示器的分辨率最高为 1366×768 个像素点，最低是 800×600 个像素点。分辨率越高，图像的质量越好。拖动"滑块"可改变分辨率。

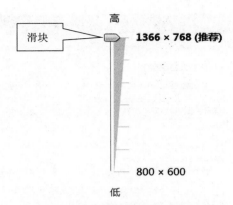

图 2-52 设置显示器分辨率

（2）颜色数：指一个像素点可显示成多少种颜色。颜色数越多，图像越逼真。
（3）刷新率：指屏幕刷新的频率。刷新率越高，画面越稳定。

二、现系统所使用的字体

我们可以通过"控制面板""字体"选项，设置计算机可使用的字体。

Windows 7 系统所使用的所有字体都保存在位置为"C：\Windows\fonts"的文件夹中。双击扩展名为".TTF"的字体文件，打开如下图所示窗口，左击"安装"按钮，依提示操作，新字体即可安装到计算机中。

图 2-53 设置字体

三、设置现系统所安装的应用程序软件

我们可以通过"控制面板""程序和功能"选项，来卸载、更改已经安装在计算机中的应用程序。

双击打开"卸载或更改程序"窗口，左击选择某个已安装的"应用软件"项目，左击"卸载""更改""修复"选项，依提示操作即可。

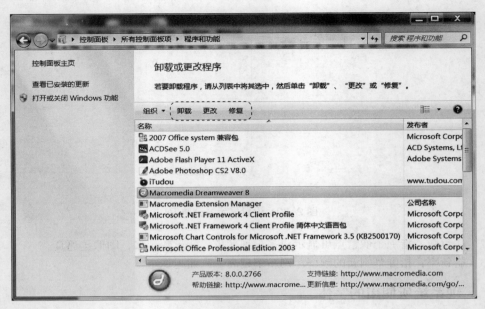

图 2-54　卸载或更改程序

四、设置系统日期和时间

我们可以通过"控制面板""日期和时间"选项来设置计算机的日期和时间。
双击打开"日期和时间"窗口，左击"更改日期和时间"按钮依提示操作即可。

图 2-55　设置日期和时间

任务检测

（1）双击鼠标，没有任何反应，最有可能的原因是什么。如何设置才能使双击鼠标有效？
（2）使用控制面板的"网络和共享中心"选项可以完成什么设置？

第三章

Word2010 文字处理软件

内容导读

在工作中，我们经常会和有大量文字的文档文件打交道，如管理制度、个人简历、工作方案、公司合同、设计方案等。通过本章的学习，我们将掌握在 Word 中进行文字排版、图文混排、表格及图表制作等操作技术。

任务 7 文档的新建与保存

（1）了解 Word2010 的启动与退出程序
（2）掌握在 Word2010 中输入文稿
（3）掌握文档的保存方法

任务分析

启动 Word2010 软件，新建一个文档，输入以下文字后，对文档进行保存、文字修改等操作。

海口椰城国际大酒店简介

选择下榻海口椰城国际大酒店，您即选择了充分享有深具世界级水准的购物，餐饮，娱乐，游戏及文化艺术领域之无限乐趣。

海口椰城国际大酒店于2010年7月28日开业，为客人提供现代化的舒适感受。酒店共有255间设计典雅别致的豪华客房，其中包括58间套房。酒店地处海南省海口市闻名遐迩的西海岸边，毗邻众多旅游景点及购物中心，占尽将来的城市商业及文化中心的绝佳位置。海口椰城国际大酒店的装潢设计注重细节，典雅且不乏时尚品味。舒适宽敞的客房最小面积为50平方米，是海口城中客房面积最大的酒店之一，房内均装设有顶级多媒体娱乐设施及高速网络接口，令客人轻松尽享惬意生活。喜好品味佳肴，遍尝美酒的美食家可于酒店内各个环境雅致的餐厅或酒廊落座，品尝各式当代美食。

海口椰城国际大酒店在近日由世界旅游奖励组织于伦敦举办的世界旅游大奖中，获得2010年"世界领先风尚酒店"大奖。

图 3-1 酒店简介

任务实施

一、启动 Word2010

单击"开始"下的"所有程序"中的"Microsoft Office"目录下的"Microsoft word 2010"，即可启动 Word 程序。启动后出现的界面如下图所示。Word 在启动时会自动建立一个新的文档，默认名为"文档 1"。

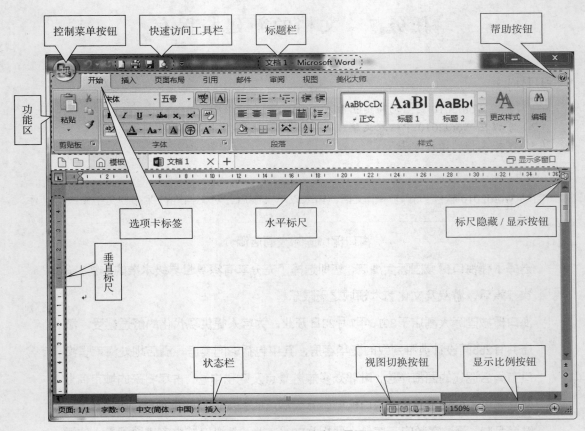

图 3-2　Word 的窗口界面

二、新建 Word2010 的文档

单击"文件"菜单，从中选择"新建"命令，出现"新建文档"对话框，在"空白和最近使用的文档"中选择"空白文档"，单击"创建"按钮。此时就可以在出现的文档空白区域中录入文档了。如图 3-3 所示。

图 3-3　新建空白文档

三、Word2010 文档的保存与打开

1. 文档的保存

单击"文件"选项卡下的"保存"或"另存为"命令；选择文件保存类型（.docx），可将文件存为 PDF 或 XPS 格式。"保存"和"另存为"两个命令的区别是："保存"是在原文件基础上进行保存，"另存为"是以另外的文件进行保存而不影响原文件数据。如图 3-4 所示。

图 3-4　文档的保存

2. 文档的打开

单击"文件"选项卡下的"打开"命令，在弹出的对话框中选择所打开文件的位置与文件名，如图 3-5 所示。

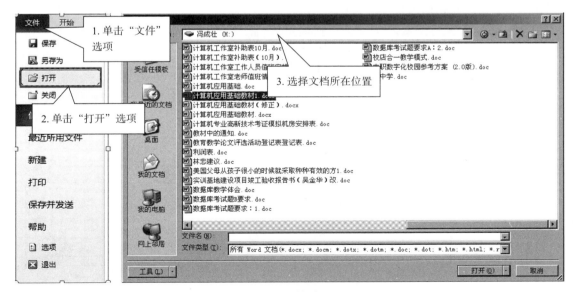

图 3-5　文档的打开

知识链接

1.Word2010 界面的功能划分

（1）控制菜单按钮和标题栏。

（2）功能区：对话框启动器按钮；功能区最小化按钮；自定义功能区。

（3）快速访问工具栏："自定义快速访问工具栏"按钮；右键单击"文件"选项卡；选择"文件"选项卡中的"选项"命令；右击功能区中的命令按钮，选择"添加到快速访问工具栏"。

（4）标尺：水平标尺垂直标尺；制表位；显示 / 隐藏切换按钮。

（5）文本选定区。

（6）状态栏：视图快捷方式；页面视图；阅读版式视图；Web 版式视图；大纲视图；显示比例滑块；右击可自定义状态栏内容。

（7）新键盘快捷方式：在功能区中按"Alt"键显示各选项卡的快捷键提示；按"Esc"键可退出快捷键提示状态，或从组快捷状态退回选项卡快捷状态；早期版本中按"Ctrl"＋字母的快捷键，以及按"Alt"＋字母的快捷方式仍可使用。

（8）帮助：单击按钮或按键盘"F1"键。

2.Microsoft Office 的版本

Microsoft Office97–2003 版本默认的是 .doc、.ppt 和 .xls 等文件扩展名，而 Microsoft Office 2010 默认的是 .docx、.pptx 和 .xlsx 等文件扩展名。使用 Microsoft Office 2010 保存的文档无法用旧版本打开。为了解决此问题，Microsoft Office 2010 提供了如下方法：在编辑文档完成后，单击"文件"选项下的"另存为"子菜单中的"Word 97–2003"命令即可。

与您分享

文档资料输入完成后，为了保护个人信息安全，可以给文档添加密码。

步骤：执行"文件"选项下的"另存为"命令，选择"工具"下拉菜单下的"常规选项"，在出现的对话框中输入"打开文件时的密码"与"修改文件时的密码"后，单击"确定"按钮即可。

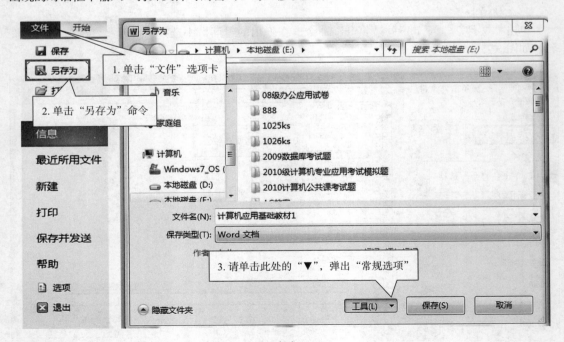

（2）

图 3-6　设置文档密码

任务检测

（1）请将"海口椰城国际大酒店"用 Word2010 进行录入，并以"酒店简介"为名，保存此文档。

（2）给以上保存的"酒店简介"文档加上密码并"另存为"以"酒店简介加密"为名的文档。

任务 8　文本编辑

学习目标

学会文本的选择、复制与粘贴、剪切、删除等基本操作

任务分析

打开文档"酒店简介"，对文档进行选择、复制、删除和移动等操作

任务实施

一、选择文本

在 Word 文档中，对于简单的文本选取这种操作，一般用户都是用鼠标来完成的，如连续单行 / 多行选取、全部文本选取等。

1. 连续单行 / 多行选取

在打开的 Word 文档中，先将光标定位到想要选取文本内容的起始位置，按住鼠标左键拖曳至该行（或多行）的结束位置，松开鼠标左键即可。

2. 全部文本选取

打开 Word 文档，将光标定位到文档的任意位置，在"开始"菜单中的"编辑"选项组中依次单击"选择""全选"选项。

3. 选择不连续的文本

选择第一处需要选择的文本后，按住"Ctrl"键不放，同时使用拖动鼠标的方法依次选择文本。完成选择后释放"Ctrl"键，此时将能够选择不连续的文本，如图 3-7 所示。

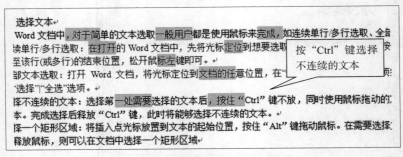

图 3-7　选择不连续的文本

4. 选择一个矩形区域

将插入点的光标放置到文本的起始位置，按住"Alt"键拖动鼠标。在需要选择文本的结束位置释放鼠标，则可以在文档中选择一个矩形区域，如图 3-8 所示。

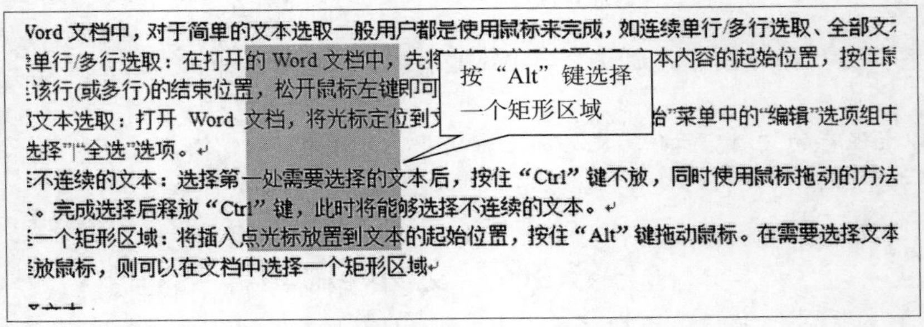

图 3-8　选择一个矩形区域.

二、复制和剪切文本

复制文本和剪切文本的不同之处在于，前者是把一个文本信息放到剪贴板以供复制出更多文本信息，但原来的文本还在原来的位置；后者也是把一个文本信息放入剪贴板以复制出更多的信息，但原来的内容已经不在原来的位置上。

1. 复制文本

当需要输入重复的文本时，使用复制功能可以使工作效率更高。

具体操作如下：首先，选择文档中要复制的文字，然后单击鼠标右键，在弹出的快捷菜单中选择"复制"选项。其次，将光标定位到要将文字复制的位置处，单击鼠标右键，在弹出的快捷菜单中选择"粘贴"选项。此时，文档中已插入刚刚复制的内容，而原来的文本信息还在原来的位置上。

【提示】也可使用"Ctrl+C"快捷键进行复制，然后用"Ctrl+V"键进行粘贴。

2. 剪切文本

当需要移动文字的位置时，可以使用剪切命令来完成。

具体操作如下：首先，选择文档中要移动的文字，然后单击鼠标右键，在弹出的快捷菜单中选择"剪切"选项。其次，将光标定位到要将文字移动到的位置处，单击鼠标右键，在弹出的快捷菜单中选择"粘贴"选项。此时，文档中已插入刚刚剪切的内容，而原来的文本信息不复存在。

【提示】第一，可以使用"Ctrl+X"快捷键进行剪切，然后用"Ctrl+V"键进行粘贴；第二，可以使用"Ctrl+X"快捷键进行撤销，退回上一步操作。

三、删除文本

选择需要删除的文本，按 Delete 键。

知识链接

（1）整句选取。按住 Ctrl 键，单击所选句中的任意一个地方，整个句子就被选取了。

（2）单行选取。将鼠标移动到该行左边空白处，待光标变成斜向上方的箭头 ⫽ 时，单击该行，整行就被选取了。

（3）段落选取。方法一：将鼠标移动到该段左边空白处，待光标变成斜向上方的箭头 ⫽ 时，双击该段，段落即被选取。方法二：在段落任意位置处三击鼠标，则该段被选取。

（4）全文选取。将鼠标移动到文档左侧空白处，待光标变成斜向上方的箭头，三击（或者快捷键"Ctrl+A"）全文被选取。

（5）任意部分选取。单击所要选取部分起点，按住"shift"键不放，单击所要选取部分终点。

任务检测

将素材目录里的"荷塘月色"的正文第四段文字（"曲曲折折的……更见风致了。"）移至第三段文字（"路上只……月色好了。"）之前。

任务 9　文本的字符与段落格式等的设置

学习目标

（1）掌握文本的字体、字形、字号、颜色以及添加上、下标等设置

（2）掌握段落首行、悬挂缩进，段前、段后间距等的设置

任务分析

打开"酒店简介.doc"文档，对文档的字体、字号、字符间距等文字效果和文档段落格式进行设置。

任务实施

一、字体格式的设置

1. 设置字体、字形、字号及颜色

打开本例中的文档"酒店简介"，将文档标题的字体颜色设置为黑体，字号为二号字，所

有文字的字体颜色为红色，然后添加波浪下划线，并在"世界级水准"下面加上着重号。

　　首先，选择"海口椰城国际大酒店"这九个字，单击鼠标右键，执行快捷菜单中的"字体"命令，在弹出的字体对话框（图3-9所示）中，设置标题的中文字体为黑体，字号为二号，所有文字颜色为红色。依照此法同样可设置正文的字体、字形与字号、颜色等。在设置字体相关选项的同时可以给文本加下划线、加着重号等。

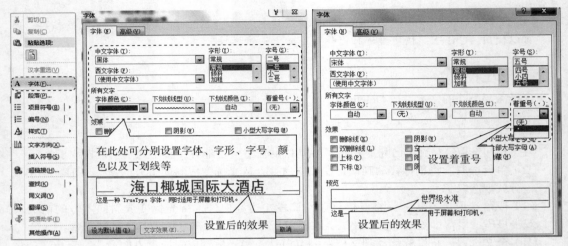

图3-9　字体的设置

　2.设置字符间距及上标

　　（1）打开本例中的文档"酒店简介"，将文档最后一段的字符间距加宽3磅，位置为：提升4磅，然后将文档中"50平方米"更改成"50m²"的上标样式。首先，选择文档的最后一段，单击鼠标右键，点击快捷菜单中的"字体"命令，弹出"字体"对话框，然后选择"高级"选项，如图3-10所示，设置字符间距为：加宽，磅值为3磅；位置为提升，磅值为4磅。同时可以给文本的缩放进行设置。

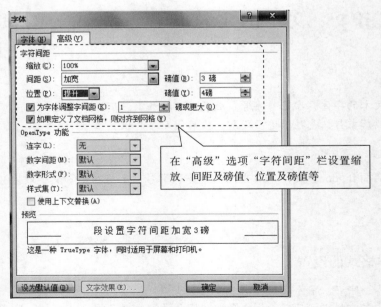

图3-10　字符间距的设置

（2）其次，在文档"酒店简介"中查找到"50平方米"字样，把"平方米"替换成"m2"，然后选中"2"，接着点击"字体"命令面板上的"上标"命令，如图3-11所示，"m2"就会变成"m^2"。

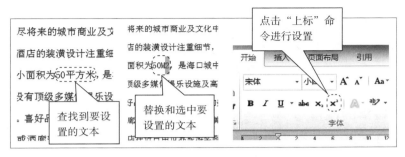

图3-11　上标的设置

3. 设置字体的文字效果

将"酒店简介"文档的标题"海口椰城国际大酒店简介"设置为阴影（预设：左下斜偏移）。首先，选中文档的标题，然后点击"开始"选项卡下的"文本效果"按钮。在打开的下拉菜单中选择"阴影"，打开二级下拉菜单，并在二级下拉菜单中选择"左下斜偏移"效果。如图3-12所示。

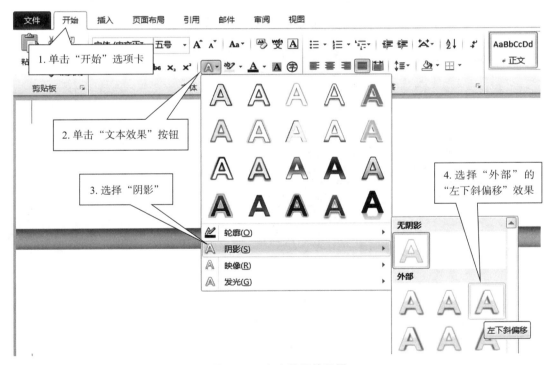

图3-12　文字效果的设置

知识链接

字号增减快捷键：按下"ctrl+["键或"ctrl+]"键可以即时调整字体大小，或者点击"开始"选项卡下字体大小的按钮，也可以进行相关设置。

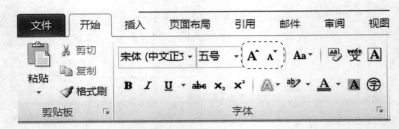

图 3-13　字号增减

二、文档段落的设置

1. 文本的段落设置

打开"酒店简介"文档，对正文设置"首行缩进"2 字符，各段左右各缩进 1 字符；段前间距 1 行，行距 1.5 倍。

首先，选择"酒店简介"的正文部分，单击"开始"选项卡下"段落"工具组中的段落设置按钮，弹出"段落"对话框，如图 3-14 所示。然后选择"缩进"与"间距"选项卡。在"缩进"选项中的"左侧"和"右侧"栏各选择"1 字符"；在"特殊格式"处选择"首行缩进"，本例中设置其度量值为 2 字符。在"间距"选项中，段前间距选择"1 行"，行距为 1.5 倍。

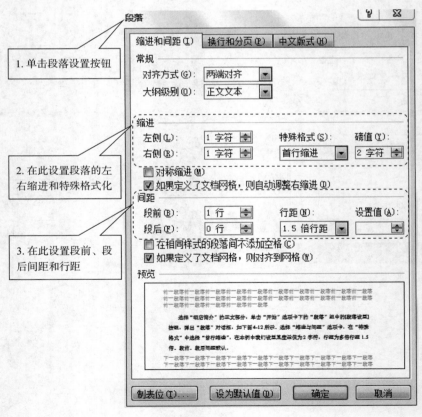

图 3-14　段落设置

2. 文本的对齐设置

打开"酒店简介.doc"文档，对文本进行对齐设置，将文档标题设置为居中对齐，正文设置为左对齐。

　　首先，选中标题，然后单击"开始"选项卡下"段落"工具组中的居中按钮（快捷键Ctrl+E）进行设置。其次，选中正文，如上所述点击左对齐按钮（快捷键Ctrl+L），正文即可左对齐。如图 3-15 所示。

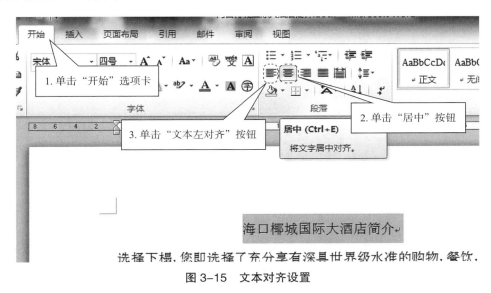

图 3-15　文本对齐设置

任务检测

　　将素材目录里的"荷塘月色"正文各段文字设置为四号宋体；各段落左右各缩进 2 字符，首行缩进 2 字符，段后间距为 1 行。

任务 10　文档的高级操作

学习目标

　　（1）掌握查找与替换、插入页码、设置页眉和页脚、超链接等操作
　　（2）掌握分栏、分页和页面背景设置等操作

任务分析

　　打开"酒店简介 .doc"文档，对文档进行查找与替换，插入页码、页眉和页脚、脚注，进行超链接、分栏、分页、添加项目符号及设置页面边框等高级操作。

任务实施

一、查找与替换（无格式）

　　本例将"酒店简介"中的"海口椰城国际大酒店"替换为"本酒店"。
　　首先，在"开始"选项卡的"编辑"组中单击"替换"按钮，打开"查找和替换"导航窗格，在其中的"查找内容"处输入"海口椰城国际大酒店"，在"替换为"处输入"本酒店"，

最后按下"全部替换"按钮。如图 3-16 所示。

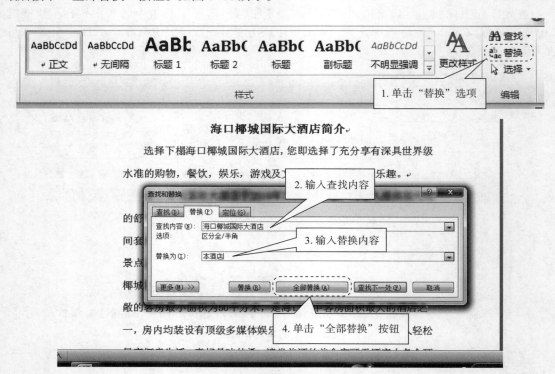

图 3-16　文本的查找与替换

二、查找与替换（带格式）

本例将上例中的"海口椰城国际大酒店"替换为三号字、红色字体的"本酒店"。

上例中完成的查找与替换是无格式的，如果是带有特殊格式的查找与替换，可在"查找和替换"窗口中单击"更多"按钮，在弹出的窗口中单击"格式"按钮。然后在下拉菜单中点击"字体"命令键，最后在弹出的字体设置面板中进行相应的设置。如图 3-17 所示。

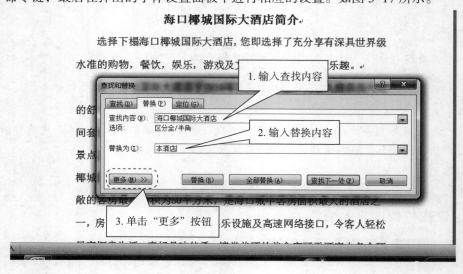

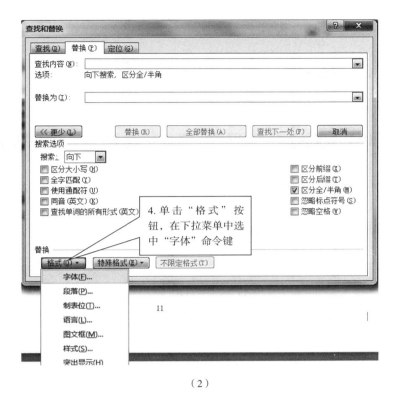

（2）

（3）

图 3-17　带格式文本的查找与替换

三、插入页码、页眉、页脚

在"酒店简介"里插入页眉、页脚和页码。插入"奥斯汀"类型的页眉，并在页眉处输入"酒店简介"，然后在页面底端插入"普通数字 3"。

首先，在菜单栏里单击"插入"选项卡，然后在"页眉和页脚"工具栏中点击"页眉"按钮，在弹出的下拉菜单中选择"奥斯汀"类型并将页眉设为"酒店简介"。

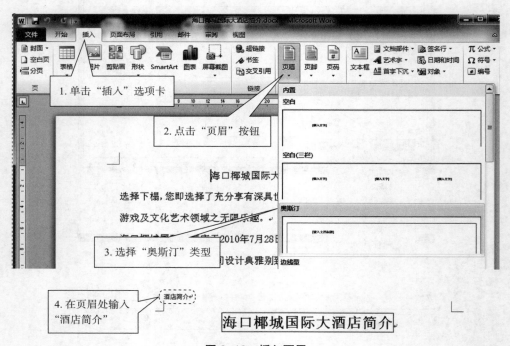

图 3-18　插入页眉

其次，在菜单栏单击"插入"选项卡，然后在"页眉和页脚"工具组选中"页码"，在弹出的下拉菜单中选择"页面底端"并选择"普通数字 3"类型的页码。如图 3-19 所示。

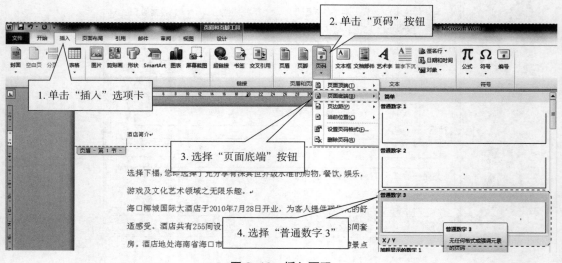

图 3-19　插入页码

四、插入超链接

在"酒店简介"的第二段，给"海口椰城国际大酒店"插入超链接，链接的地址为：http：//www.hkvtstest.cn/。（说明：该地址为非真实地址）

首先，在文档中选中要插入超链接的文本。单击"插入"选项卡，在"链接"工具组点击"超链接"按钮，然后在弹出的对话框"链接到："中选择"现有文件或网页"并在地址栏中输入 http：//www.hkvtstest.cn/，最后点击"确定"按钮。如图 3-20 所示。

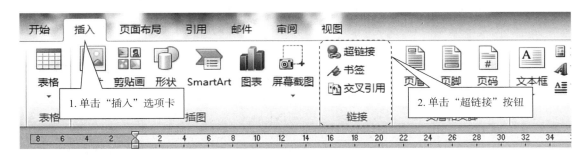

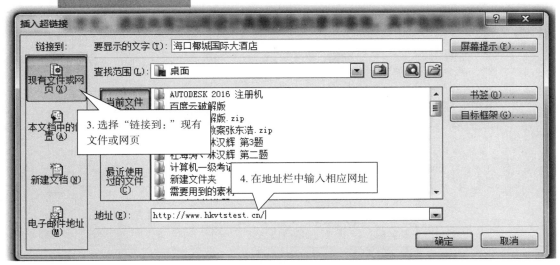

图 3-20　插入超链接

五、插入脚注和尾注

在"酒店简介"最后一段的第 2 行（获得 2010 年"世界领先风尚酒店"大奖）插入脚注，脚注内容为"资料来源：互联网"，脚注字号和字体为小五号宋体。

首先，把鼠标光标移到要插入脚注的文字后面，其次，在菜单栏里单击"引用"选项卡，然后在"脚注"工具栏中点击"插入脚注"按钮，最后，在文档页面输入脚注并设置字体字号。如图 3-21 所示。

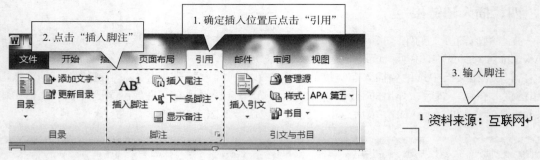

图 3-21　插入脚注

六、设置首字下沉

打开"酒店简介"文档，设置正文第一段首字下沉 2 行（距正文 0.2 厘米）。

首先，选中正文第一段，然后单击"插入"选项卡"文本"组里的"首字下沉"，在弹出的下拉菜单里选择"首字下沉选项"。其次，在弹出的对话框上的"位置"处选择"下沉"，将"下沉行数"设置为"2"，"距正文"设置为"0.2"厘米。如图 3-22 所示。

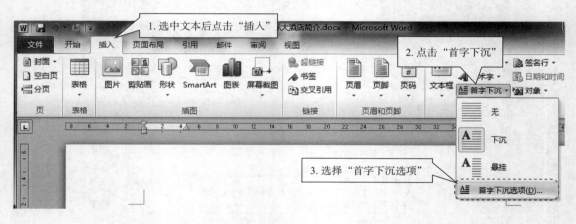

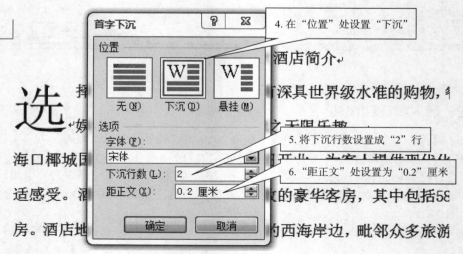

图 3-22　设置首字下沉

七、设置分栏

打开"酒店简介"文档，把正文分为等宽的两栏，栏间距为 2 字符，栏间加分隔线。

首先，选中正文，然后单击"页面布局"选项卡下的分栏按钮，在弹出的下拉菜单中点击"更多分栏"。在弹出的"预设"对话框中选择"两栏"，栏的"间距"设置为"2 字符"，并在"分隔线"选择框里打上钩。如图 3-23 所示。

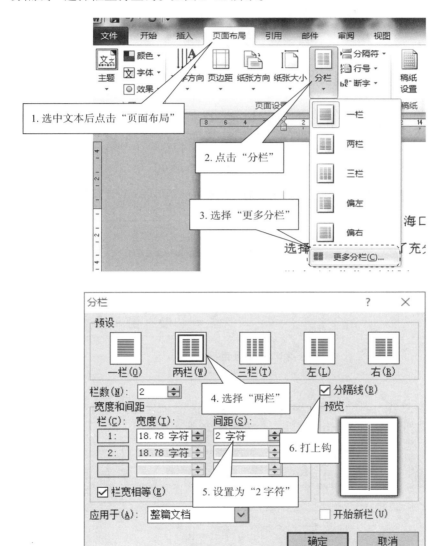

图 3-23　设置分栏

八、设置分页

在"酒店简介"文档里插入分页符，将文档第三段"海口椰……注重细节"及其后面的内容分隔到下一页。

首先，把鼠标的光标定位在文档第三段"海口椰……注重细节"的前面，然后，单击"插入"选项卡下"页"工具组里的"分页"按钮。

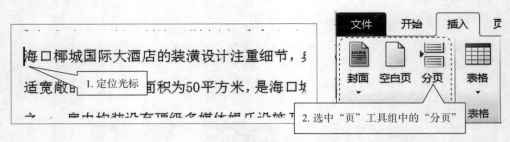

图 3-24　设置分页

九、设置项目符号与编号

1. 插入项目符号

打开"酒店简介"文档,在各段前加上项目符号"◆"。

首先,选择文档各段,然后,点击"开始"选项卡下"段落"工具组中的"项目符号"下拉按钮,在弹出的"项目符号库"里选择"◆"。如图 3-25 所示。

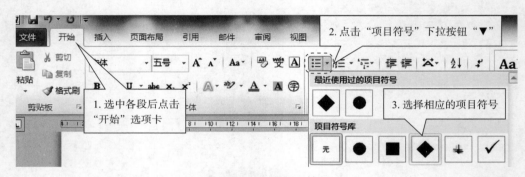

图 3-25　设置项目符号

2. 插入编号

除了插入项目符号外,还可以插入编号。单击"编号"选项,在弹出的对话框中选择所需的编号,按图所示进行设置,后单击"确定"。如图 3-26 所示。

图 3-26　设置编号

十、设置文字边框、页面边框、文字底纹、页面颜色和水印

1. 设置文字边框

打开"酒店简介"给文档标题添加蓝色（标准色）阴影边框。设置文字边框可以给一个或几个文字、一行或几行文字、一个或几个段落添加边框。本例中给标题添加边框等同于给一行文字添加边框。

首先，选中文档的标题，然后单击"页面布局"选项卡；接着点击"页面背景"工具组里的"页面边框"，在弹出的对话框中先选择"边框"选项卡；然后在"设置"中选择"阴影"，在"颜色"中打开下拉颜色块，在"标准色"中选择"蓝色"色块；最后在"应用于"选项中选择"文字"，然后点击"确定"。如图 3-27 所示。

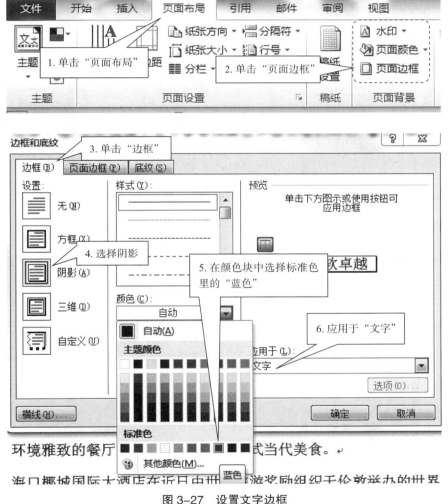

图 3-27　设置文字边框

2. 设置页面边框

给"酒店简介"文档添加页面边框，样式为：

设置页面边框与设置文字"边框"是有区别的。设置"页面边框"对应的是整个页面或者整个文档，而设置"边框"对应的只是文字。

首先，如上所述打开"边框和底纹"对话框，然后打开"艺术型"下拉菜单，选中样式图

案，最后点击"确定"。如图 3-28 所示。

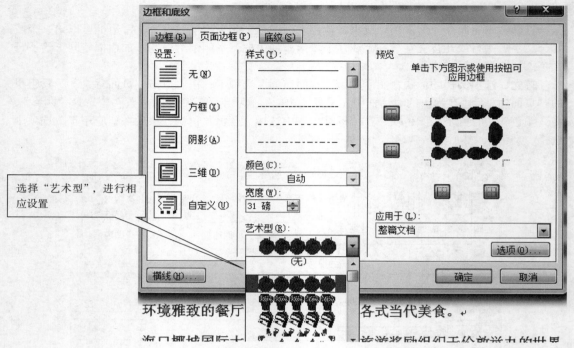

图 3-28　设置页面边框

3. 设置文字底纹

给"酒店简介"文档第一段文字添加红色（标准色）底纹。

首先，选中文档的第一段文字。其次，如上所述打开"边框和底纹"对话框，在弹出的对话框中选择"底纹"选项卡。在"填充"处打开下拉菜单，在"标准色"中选择"红色"色块。最后，在"应用于"选项中选择"文字"，然后点击"确定"。如图 3-29 所示。

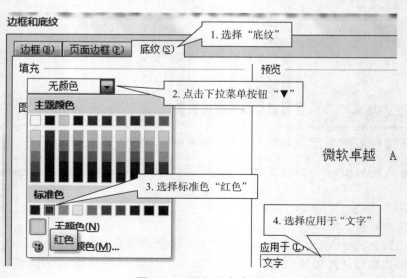

图 3-29　添加文字底纹

4. 设置页面颜色

将"酒店简介"文档页面颜色设置为黄色（标准色）。单击"页面布局"选项卡下"页面背景"工具组里的"页面颜色"，在下拉颜色块中选择标准色"黄色"。如图 3-30 所示。

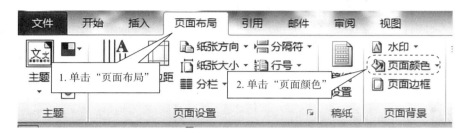

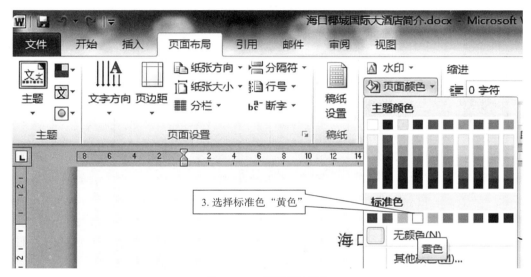

图 3-30　设置页面颜色

5. 设置水印

打开"酒店简介"文档，为页面添加内容为"海口酒店"的水印。

首先，单击"页面布局"选项卡下"页面背景"工具组里的"水印"，在弹出的下拉菜单中选择"自定义水印"，在弹出的对话框里选择"文字水印"，并在"文字"输入栏里输入"海口酒店"字样。最后点击"确定"。如图 3-31 所示。

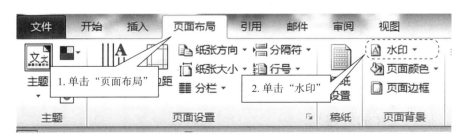

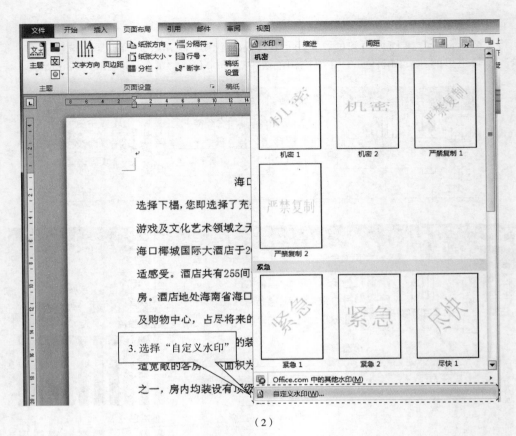

（2）

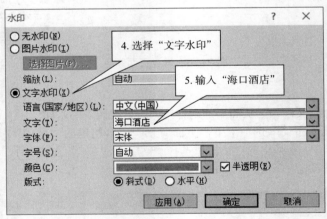

（3）

图 3-31　添加水印

十一、插入文件的内容

打开文档"酒店简介"，在文章末尾插入素材目录里"海口酒店业发展新方向"的内容。

首先，把鼠标光标定位在"酒店简介"文章末尾，然后单击"插入"选项卡中"文本"工具组里的"对象"下拉按钮，在下拉菜单中选择"文件中的文字"命令。在弹出的对话框中选择"素材"目录中的"海口酒店业发展新方向"文档，然后点击"插入"。如图 3-32 所示。

图 3-32　插入文件内容

知识链接

1. 文本字数的统计

统计文本字数可以使用"审阅"选项卡下"校对"工具组中的"字数统计"选项。

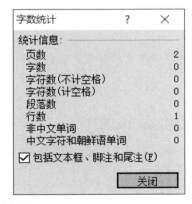

图 3-33　字数统计

2. 拼音输入

在"开始"板块"字体"工具组内有一个"拼音指南"按钮，可以显示拼音字符以帮助发音。

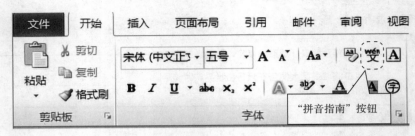

图 3-34 拼音指南

任务检测

打开素材目录中"荷塘月色高级操作版"完成以下操作：

（1）查找文中所有的"荷花池"，并全部替换成"荷塘"。

（2）查找文中"西江月"，并替换为三号、红色字体带下划线的"西洲曲"。

（3）给页面添加1磅、红色（标准色）、"方框"形的边框。

（4）插入页眉，并在其居中位置输入页眉内容——"语文教材"。

（5）将标题段文字设置为二号、蓝色（标准色）、黑体、加粗，居中对齐，并添加黄色（标准色）底纹；设置标题段段前、段后间距均为1行。

（6）设置正文各段落，左右各缩进1.5字符、段前间距为1行；设置正文第一段首字下沉2行（距正文0.2厘米），正文其余段落首行缩进2字符；将正文第三段分为等宽2栏，并添加栏间分隔线。

任务 11　插入图片与艺术字

学习目标

（1）掌握在Word2010文档中插入图片与艺术字

（2）掌握所插入图片与艺术字的设置方法

任务分析

在对基础编辑的文章进行美化时，需要插入图片与艺术字等。

任务实施

一、插入剪贴画或图片

定位光标在第二段中间，单击"插入"选项卡下的"插图"选项组，其中包含有剪贴画、图片、形状、图表、屏幕截图等选项。如插入剪贴画，单击剪贴画选项，并在出现剪贴画窗格中输入搜索文字或结果类型，单击"搜索"按钮，再选择搜索到的一张剪贴画，即可完成操作。本例中要插入一张有关国际旅游岛的图片，单击"图片"选项，可在"插入图片"对话框中选择图片所在位置，选中图片，单击"插入"即可完成操作。如图 3-35 所示。

图 3-35　插入图片

图 3-36　在文本中插入图片的效果

二、设置图片的格式

双击所插入的图片，对图片进行必要的调整，如调整图片的大小与边框、版式、效果、颜色等。其中，可压缩图片、更改图片和调整图片的大小。剪贴画设置步骤同图片一样。按鼠标右键，单击"大小与位置"命令，可设置图片的位置、大小与环绕文字的方式。如图 3-37 所示。本例中"图片"大小设置为高度 1.61 厘米、宽度 2 厘米，文字环绕方式为"四周型"，也可设为"衬于文字下方"。设置完成后的效果如图 3-38 所示。

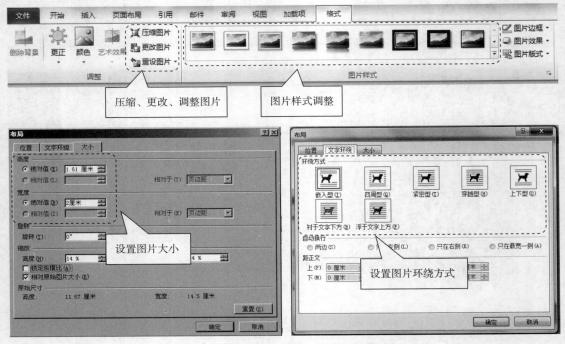

图 3-37　设置图片的位置、大小与文字环绕

图 3-38　设置图片环绕方式与位置效果图

三、插入艺术字

单击"插入"选项卡，选择"文本"选项组中的"艺术字"按钮，在出现的艺术字框中输入相应文字。

本例中输入"海口椰城国际大酒店"。双击所输入的艺术字，可对艺术字的形状、形状样式、艺术字样式等进行设置，如图 3-39 所示。

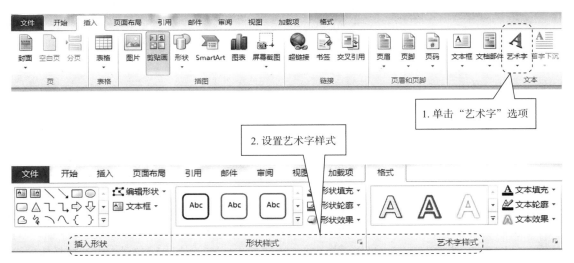

图 3-39　艺术字的设置

知识链接

单击"插入"选项卡下的"符号"选项组，在其中可设置文本符号、编号并输入相关公式。

1. 插入符号

单击"符号"选项，从中选择所需的符号，按图 3-40 所示符号进行设置。

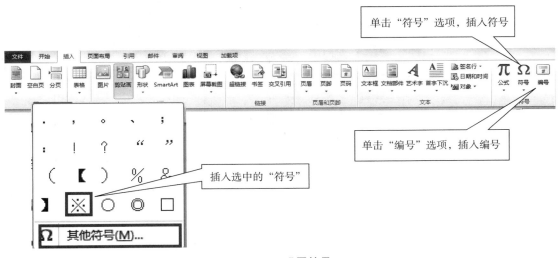

图 3-40　设置符号

2. 插入公式

单击"公式"选项，在弹出的窗格中选择，按图 3-41 所示操作即可完成设置。

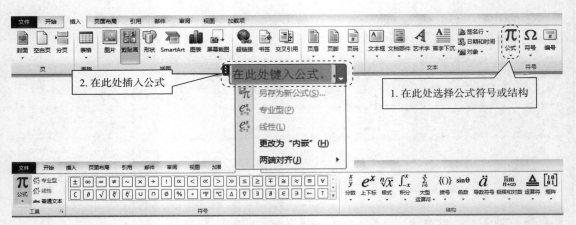

图 3-41 插入公式

3. 插入组织结构图

单击插入选项卡下"插图"工具组中的"SmartArt"选项，弹出"选择 SmartArt 图形"对话框，如图 3-42 所示。在左边栏对话框中选择图形类型，然后在中间栏列表中选择具体的组织结构图样式，单击"确定"按钮，即可在出现的 SmartArt 图形中对组织结构图进行编辑。效果如图 3-43 所示。

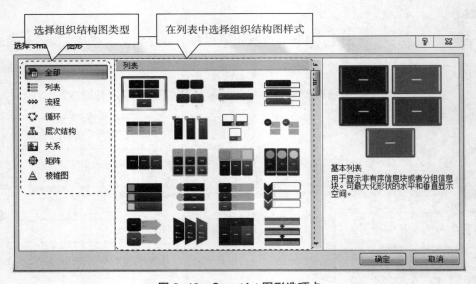

图 3-42　SmartArt 图形选项卡

图 3-43　组织结构效果图

任务检测

任选一张图片插入到“酒店简介”中，并设置图片为长、宽均为 2 厘米，图片环绕文字方式为四周型，同时插入“海口酒店介绍”艺术字，灵活设置其样式。

任务 12　表格操作

学习目标

（1）会插入表格，设置表格的行高与列宽，进行单元格的拆分与合并

（2）学会设置表格的边框与底纹，根据表格内容自动调整表格

（3）掌握表格的美化操作和计算以及数据的排序

（4）学会设置表格样式和重复标题行

任务分析

很多单位、企业都会安排新入职员工进行入职培训，这时就要用到员工培训计划。相关的表格资料在网上可以轻松找着。在本模块，我们将学习如何进行表格的制作和相关操作。

任务实施

一、表格的编辑

1. 在文档中插入表格

根据图 3-44 所示，插入一个 2 行 4 列的表格（表 1）。并在表格增加一行，变为 3 行 4 列，其中，列宽和行高分别设置为 1.5 厘米（表 2）。

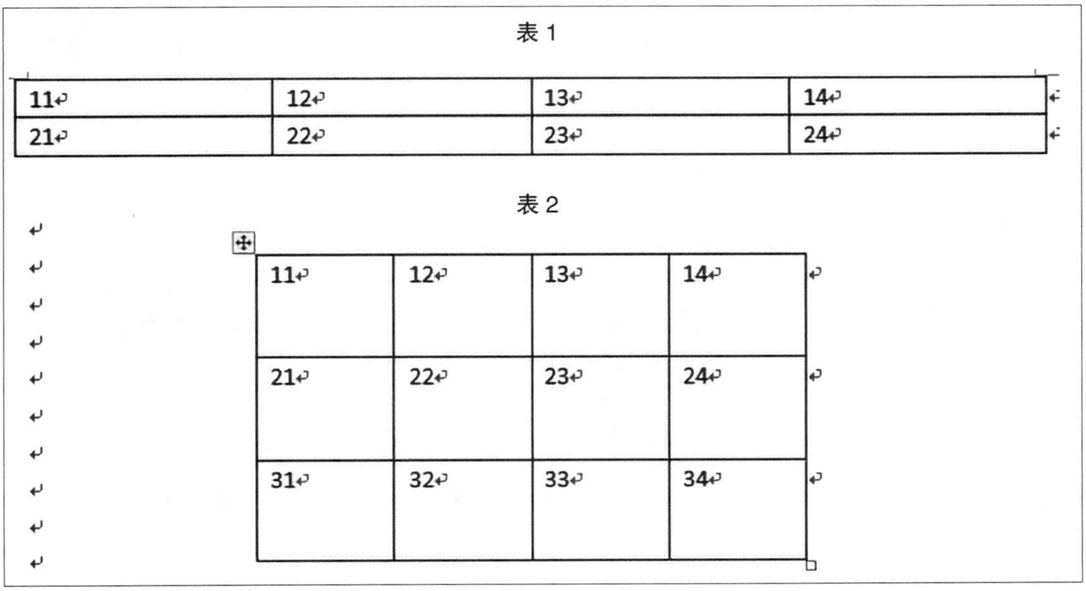

表 1

11	12	13	14
21	22	23	24

表 2

11	12	13	14
21	22	23	24
31	32	33	34

图 3-44　插入表格

操作步骤：定位光标，单击"插入"菜单下的"表格"命令，再单击"插入表格"选项，在出现的"插入表格"对话框中输入列数 4 和行数 2，最后单击"确定"按钮即可插入一个 4 列 2 行的表格。如图 3-45 所示。

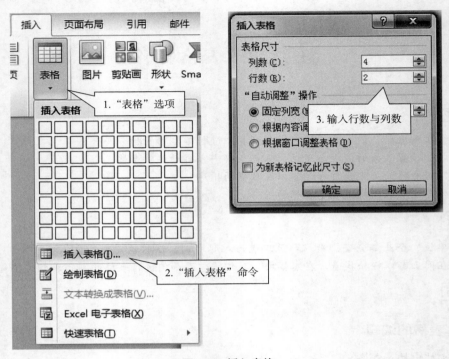

图 3-45 插入表格

2. 在表格中插入行与列

请在如图 3-46 所示的表中插入一行。

操作步骤：将光标定位在所插入表格行与列的位置，单击布局菜单下"行与列"选项组下的"在上方插入"或"在下方插入"命令，即可插入一行。插入列操作方法相同。

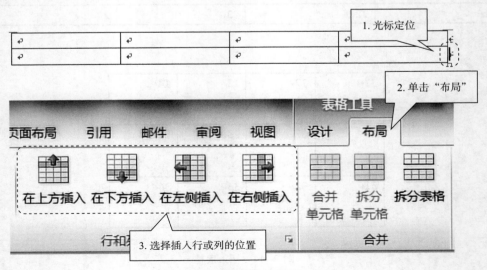

图 3-46 插入行与列

3.设置表格行高与列宽

将图 3-47 表 3 的行高与列宽都设置为 1.5 厘米。

选择所有单元格，单击"表格工具"选项下的"布局"，在高度和宽度选项中分别输入 1.5 厘米，设置效果如表 3 所示。

表 3

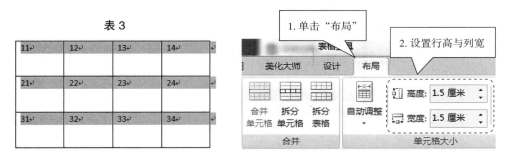

图 3-47　设置行高与列宽

4.合并或拆分单元格

请将"本周手机价格一览表"中的 2～4 列进行合并；并将合并后的单元格拆分为 2 列。

操作步骤：选择需要合并的列（本例为 2～4 列），单击"布局"选项，选择其中的"合并单元格"，合并后效果如图 3-48 所示。拆分单元格操作步骤如同上述，如图 3-49 所示。

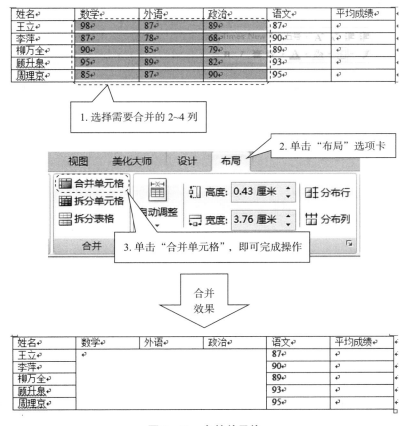

图 3-48　合并单元格

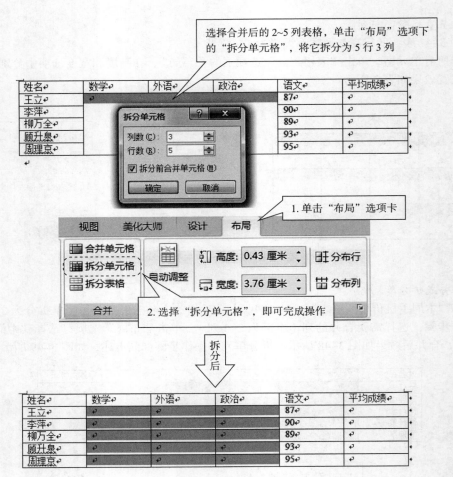

图 3-49 拆分单元格

5. 删除行、列和单元格

请将下面表格的第 7、8、9 行删除。

姓名	数学	外语	政治	语文	平均成绩
王立	98	87	89	87	
李萍	87	78	68	90	
柳万全	90	85	79	89	
顾升泉	95	89	82	93	
周理京	85	87	90	95	

操作步骤：选中要删除的行与列，单击鼠标右键，在出现的删除单元格中选择"删除整行或整列"，如删除单元格则要注意右侧左移或上移。

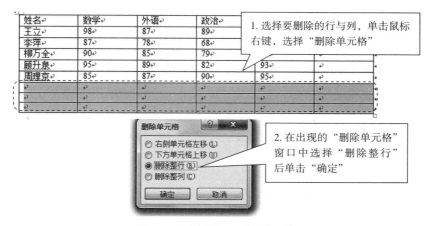

图 3-50　删除行、列、单元格

6. 设置表格和使单元格居中

请将下面所示表格居中排。

姓名	数学	外语	政治	语文	平均成绩
王立	98	87	89	87	
李萍	87	78	68	90	
柳万全	90	85	79	89	
顾升泉	95	89	82	93	
周理京	85	87	90	95	

操作步骤：全选整个表格，单击鼠标右键，在出现的表格属性对话框中单击"表格"选项，选择对齐方式为"居中"后按"确定"键。单元格的对齐方式同表格居中步骤一样。

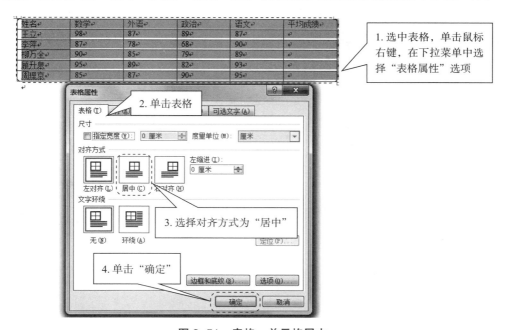

图 3-51　表格、单元格居中

7. 根据内容自动调整表格

全选整个表格，单击表格工具下的"布局"选项，选择其中的"自动调整"命令，单击其中的"根据内容自动调整表格"即可完成操作。如图 3-52 所示。

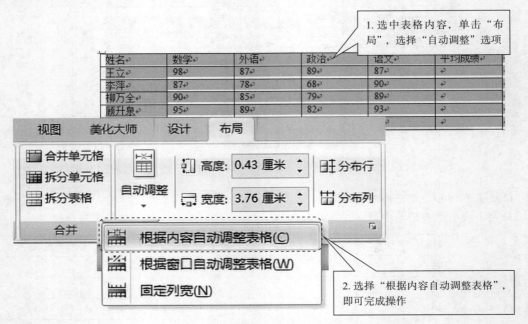

图 3-52 根据内容自动调整表格

8. 将表格中的所有文字居中

操作步骤：选中表格中的文字，单击"开始"菜单，选择其中的"居中"命令。

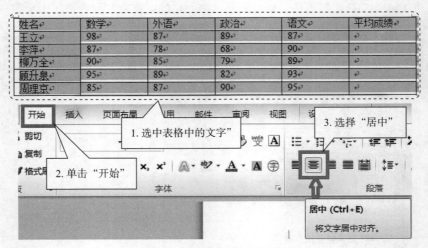

图 3-53 表格和单元格居中

二、表格的美化

1. 设置表格边框和底纹

将下面表格的外框线设为 1.5 磅蓝色双窄实线，内框线设为 0.5 磅蓝色单实线；并设置表格第一行为黄色底纹；设置表格所有单元格的上下边距各为 0.1 厘米。

姓名	数学	外语	政治	语文	平均成绩
王立	98	87	89	87	
李萍	87	78	68	90	
柳万全	90	85	79	89	
顾升泉	95	89	82	93	
周理京	85	87	90	95	

（1）边框的设置。选中表格第一行，单击鼠标右键，在出现的菜单中选中"边框和底纹"，从中设置"样式"为直线，设置"颜色"为蓝色，同时选择"宽度"（磅值设为 1.5 磅），最后在预览中单击外围框线；内框线的设置同上述步骤，宽度设为 0.5 磅，颜色设置为蓝色。选择后单击"确定"按钮。

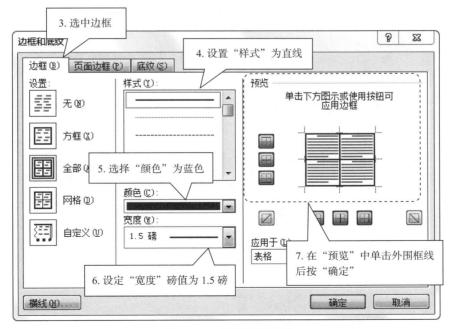

图 3-54 设置表格边框

（2）底纹的设置。在"边框和底纹"对话框中选择"底纹"选项，在出现的底纹颜色中选择黄色后单击"确定"按钮。

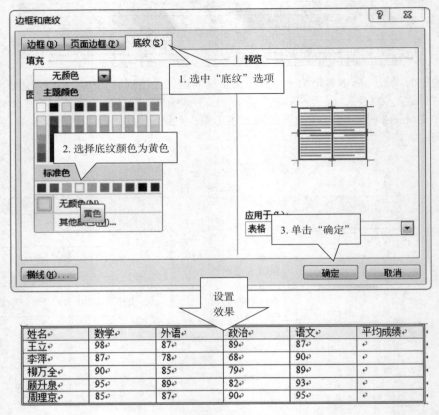

图 3-55   设置底纹

2. 设置表格单元格的边距

操作步骤：选择上表，单击鼠标右键，选择"布局"菜单下的"单元格边距"命令，在弹出的对话框中分别设置表格的上、下、左、右边距。

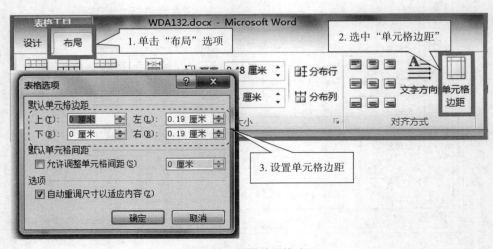

图 3-56   设置单元格边距

3.设置表格样式和重复标题行

设置样式表格底纹为"橄榄色，强调文字颜色 3，淡色 80%"，修改表格并设置表格第一行为"重复标题行"。

（1）设置表格样式。选中表格后，单击"表格工具"栏"设计"选项下的"底纹"命令，从中选择"橄榄色，强调文字颜色 3，淡色 80%"，如图 3-57 所示。

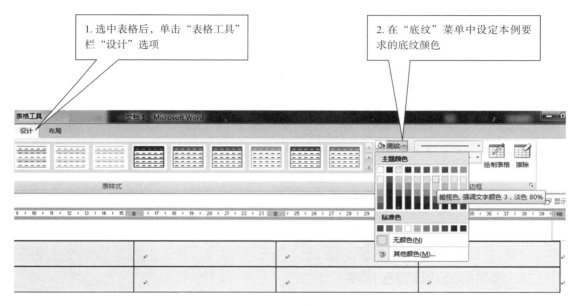

图 3-57　设置表格样式

（2）重复标题行。选择表格后，单击"表格工具"栏"布局"选项下"数据"工具组中的"重复标题行"命令，即可完成操作。

图 3-58　重复标题行

4.设置单元格的对齐方式

将目标表格的对齐方式设置为中部居中。

操作步骤：选中目标表格，单击鼠标右键，选择"单元格对齐方式"，从出现的菜单中选择对应的对齐方式即可。如图 3-59 所示。

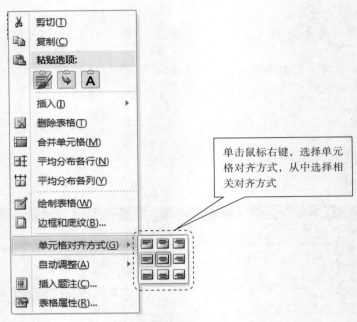

图 3-59 设置单元格对齐方式

三、表格的公式计算和排序

1. 表格的计算

计算下表中各学生的平均成绩。

姓名	数学	外语	政治	语文	平均成绩
王立	98	87	89	87	
李萍	87	78	68	90	
柳万全	90	85	79	89	
顾升泉	95	89	82	93	
周理京	85	87	90	95	

操作步骤：先在表中定位光标，然后单击"表格工具"栏"布局"菜单下的"公式"命令，在弹出的"公式"对话框中输入公式（函数）后按"确定"按钮即可。

姓名	数学	外语	政治	语文	平均成绩
王立	98	87	89	87	90.25
李萍	87	78	68	90	
柳万全	90	85	79	89	
顾升泉	95	89	82	93	
周理京	85	87	90	95	

1. 定位光标

图 3-60　表格的计算

2. 表格数据的排序

计算下表中各学生的平均成绩并按"平均成绩"列降序排列表格内容。

姓名	数学	外语	政治	语文	平均成绩
王立	98	87	89	87	90.25
李萍	87	78	68	90	80.75
柳万全	90	85	79	89	85.75
顾升泉	95	89	82	93	89.75
周理京	85	87	90	95	89.25

　　操作步骤：以列为单位选中表格，单击"表格工具"栏"布局"选项下"数据"工具组中的"排序"命令，在出现的排序窗口中选择降序后按下"确定"按钮。

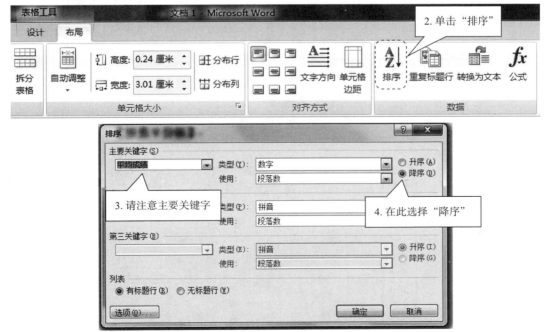

图 3-61　表格的排序

四、将文字转换为表格

1. 请将如下文字转换为表格

姓名	数学	外语	政治	语文	平均成绩
王立	98	87	89	87	
李萍	87	78	68	90	
柳万全	90	85	79	89	
顾升泉	95	89	82	93	
周理京	85	87	90	95	

操作步骤：选择文本内容，单击"插入"菜单下的"表格"命令，选择其中的"文本转换成表格"子菜单，即可完成操作。如图 3-62 所示。

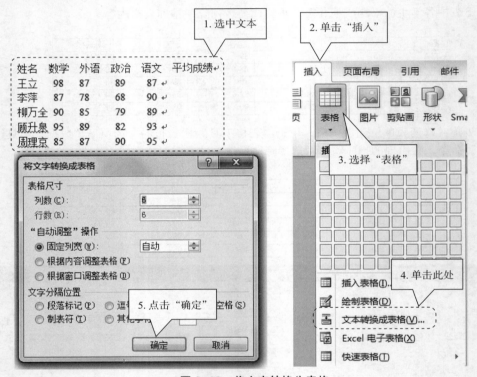

图 3-62　将文字转换为表格

2. 斜线表格的制作方法

操作步骤：单击要添加斜线表头的单元格，单击"表格工具"栏"布局"选项中的，"表"工具组，从中选择"绘制斜线表头"命令，在"插入斜线表头"对话框的"表头样式"下拉列表中选择样式，单击"确定"即可。

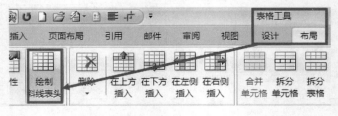

（1）

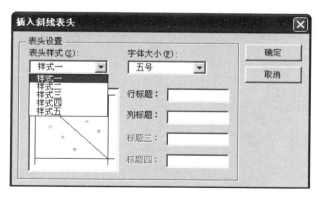

（2）

图 3-63 绘制斜线表头

任务检测

制作一个如下表所示的相对于旅游专业的个人简历。

个人简历

个人概况				
姓名		性别		
目前所在地		民族		
户口所在地		身高		照片
婚姻状况		出生年月		
邮政编码		联系电话		
通信地址				
E-mail				
求职意向及工作经历				
人才类型		应聘职位		
工作年限		职称		
求职类型		月薪要求		

第四章 Excel2010 电子表格处理软件

内容导读

在办公室工作，很多工作人员都精通电子表格的制作。掌握了电子表格 Excel 的操作技能后，很多看似复杂的工作就变得简单多了。比如在人力资源部工作，常常要制订计划、安排培训、制定日程等，如能掌握电子表格的处理技能，无疑将使我们的工作事半功倍。

任务 13　电子表格的基本制作

学习目标

（1）掌握电子表格处理软件——Excel 的基本使用技能
（2）熟悉 Excel 的操作界面
（3）掌握 Excel 中输入数据的方法
（4）掌握 Excel 中表格边框的设置方法

任务分析

　　利用表格的统计、分析、整理、汇总信息的功能，能大幅提高我们的工作效率。微软公司的办公软件 Microsoft office 的组件中就有一个专门处理表格的软件——Excel，它可以进行各种数据的处理、统计分析和辅助决策操作，广泛地应用于管理、统计财经、金融等领域。

　　今天，酒店新到了一批实习学生，我们要负责收集这批实习生的信息并将其整理好，以备在下一步的培训工作中使用。

　　如果使用 Excel 电子表格处理软件去完成这个工作，应该怎么操作？下面我们一起去看看……

任务实施

一、设计并制作一个"实习生基本情况登记表"

　　在 windows 系统桌面上，从"开始""所有程序""Microsoft Office"中找到"Microsoft Excel 2010"，打开一个工作簿，麻利地制作一个实习学生基本信息录入表格——"实习生基本情况登记表"。

	A	B	C	D	E	F	G	H	I	J
1					实习生基本情况登记表					
2	序号	姓名	性别	身份证号	年龄	民族	联系电话	健康证	宿舍	备注
3	1									
4	2									
5	3									
6	4									
7	5									
8	6									
9	7									
10	8									

图 4-1　新建表格

　　步骤 1：打开 Excel，建立"实习生基本情况登记表"。打开电子表格后会自动建立一个工作簿。

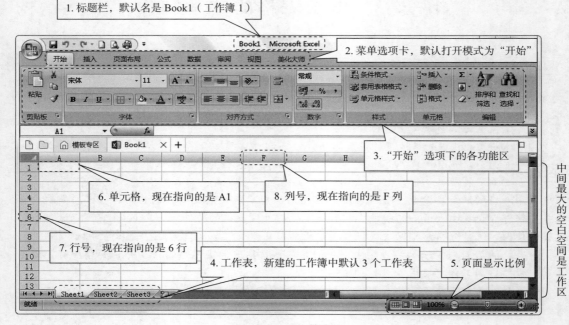

图 4-2　工作簿窗口

知识链接

（1）工作簿：一个具体的 Excel 文件就是一个工作簿。我们打开 Excel 后，系统会默认建立一个名为"Book 1"的工作簿，扩展名为".xlsx"。注意：旧的版本如 Excel2003 所建立的工作簿扩展名为".xls"。

（2）工作表：新建的工作簿中默认有 3 张表页，每张表页就是一张工作表，默认的名字分别为"Sheet 1""Sheet 2""Sheet 3"。我们可根据自己的需要再增加或删除工作表。

（3）单元格：行与列相交的网格称为单元格，它是工作表的基本单位。

步骤 2：在 A1 表格中输入标题"实习生基本情况登记表"。

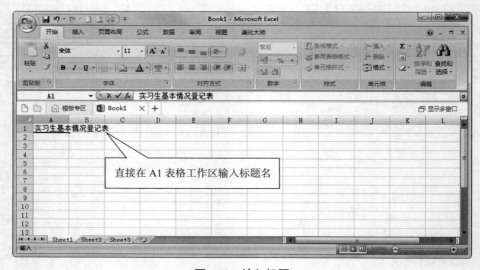

图 4-3　输入标题

步骤 3：建立表格的结构。分别输入上表头的基本要素："序号、姓名、性别、身份证号、年龄、民族"等数据。

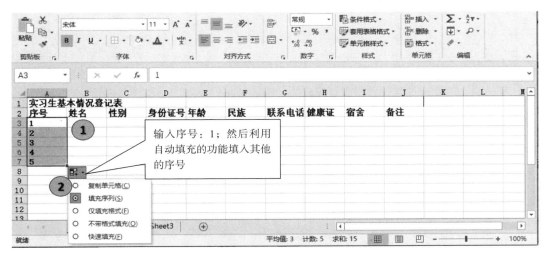

图 4-4　建立结构

步骤 4：输入序号，这批实习生共有 24 人，所以序号就从 1 至 24 号，只要输入了序号 1，其余的序号就可通过使用填充手柄进行填充。

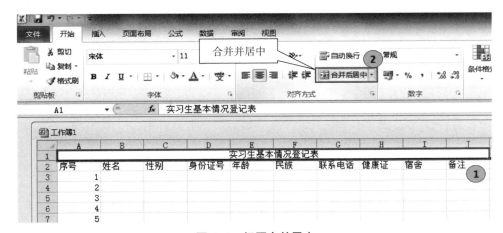

图 4-5　输入序号

步骤 5：在完成了表格的基本框架之后，将表格的标题合并居中。选中 A1：J1 区域，再单击"合并后居中"按钮。

图 4-6　标题合并居中

步骤 6：给表格加上边框。选中整个表格，再单击工具栏中的"田"形按钮。

图 4-7　添加边框

步骤 7：将表格中的数据居中。把工作标签"Sheet1"修改成"实习生登记表"。删除另外两个多余的工作表"Sheet2""Sheet3"，再单击"保存"。

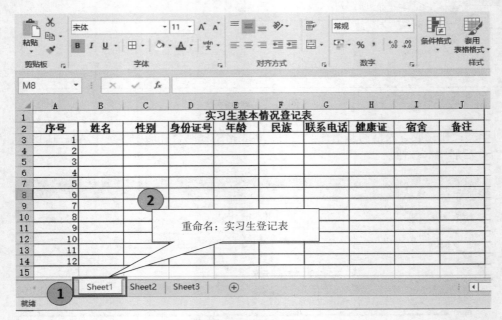

图 4-8　删除工作表

二、在"实习生基本情况登记表"基础上输入实习生个人信息

步骤 1：打开前面做好的"实习生基本情况登记表"，依次输入实习学生的个人信息——

姓名、性别、年龄、民族、联系电话、健康证、宿舍。注意，暂时先不急着输入身份证这栏的数据。

序号	姓名	性别	身份证号	年龄	民族	联系电话	健康证	宿舍	备注
				实习生基本情况登记表					
1	郑家豪	男		17	汉	86-301	2012/5/4	A301	
2	陈晓俊	男		18	汉	86-301	2012/5/4	A301	
3	王全楷	男		16	汉	86-301	2012/5/4	A301	
4	何伟伟	男		18	汉	86-301	2012/5/4	A301	
5	梁子轩	男		18	汉	86-302	2012/5/4	A302	
6	陈家辉	男		17	汉	86-302	2012/5/4	A302	
7	吴翔宇	男		18	汉	86-302	2012/5/4	A302	
8	陈佳宝	男		17	汉	86-302	2012/5/4	A302	
9	陈俊翔	男		17	汉	86-303	2012/5/4	A303	
10	李健佳	男		17	汉	86-303	2012/5/4	A303	
11	李家伟	男		17	汉	86-303	2012/5/4	A303	
12	王文英	女		17	汉	87-502	2012/5/4	B502	
13	曾文艳	女		17	汉	87-502	2012/5/4	B502	
14	吴清秋	女		17	汉	87-502	2012/5/4	B502	
15	郑艳燕	女		17	汉	87-502	2012/5/4	B502	

图 4-9　输入相关数据

步骤 2：在输入实习生身份证号的时候，首先选择"身份证号"这一列，单击"设置单元格格式"菜单，在"数字"选项中，设置为"文本"格式，即可输入身份证的组成数字。

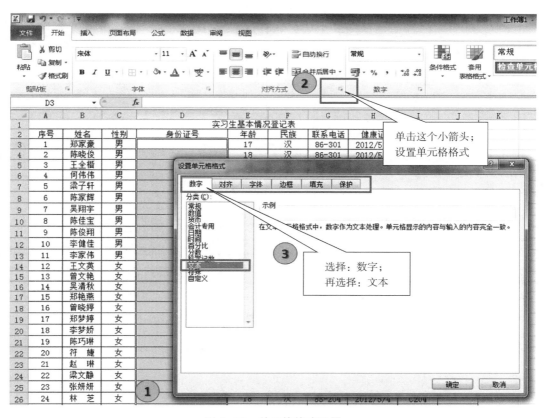

图 4-10　单元格格式设置

步骤3：输入完实习生的信息后点击保存，就完成这部分的工作了。

序号	姓名	性别	身份证号	年龄	民族	联系电话	健康证	宿舍	备注
				实习生基本情况登记表					
1	郑家豪	男		17	汉	86-301	2012/5/4	A301	
2	陈晓俊	男		18	汉	86-301	2012/5/4	A301	
3	王全楷	男		16	汉	86-301	2012/5/4	A301	
4	何伟伟	男		18	汉	86-301	2012/5/4	A301	
5	梁子轩	男	此处省去身份证号	1	汉	86-302	2012/5/4	A302	
6	陈家辉	男						A302	
7	吴翔宇	男						A302	
8	陈佳宝	男						A302	
9	陈俊翔	男						A303	
10	李健佳	男						A303	
11	李家伟	男		17	汉	86-303	2012/5/4	A303	
12	王文英	女		17	汉	87-502	2012/5/4	B502	
13	曾文艳	女		17	汉	87-502	2012/5/4	B502	
14	吴清秋	女		17	汉	87-502	2012/5/4	B502	
15	郑艳燕	女		17	汉	87-502	2012/5/4	B502	

对不熟悉 Excel 的同学来说，录入身份证号是个挑战。完成这一步，表格的制作就完成了一大半

图 4-11　保存文件

三、调整"实习生基本情况登记表"

实习生基本情况登记表

序号	姓名	性别	身份证号	年龄	民族	联系电话	健康证	宿舍	备注
1	郑家豪	男		17	汉	86-301	2012年5月	A301	
2	陈晓俊	男		18	汉	86-301	2012年5月	A301	
3	王全楷	男		16	汉	86-301	2012年5月	A301	
4	何伟伟	男		18	汉	86-301	2012年5月	A301	
5	梁子轩	男		18	汉	86-302	2012年5月	A302	
6	陈家辉	男		17	汉	86-302	2012年5月	A302	
7	吴翔宇	男		18	汉	86-302	2012年5月	A302	
8	陈佳宝	男		17	汉	86-302	2012年5月	A302	
9	陈俊翔	男		17	汉	86-303	2012年5月	A303	
10	李健佳	男		17	汉	86-303	2012年5月	A303	
11	李家伟	男		17	汉	86-303	2012年5月	A303	
12	王文英	女		17	汉	87-502	2012年5月	B502	
13	曾文艳	女		17	汉	87-502	2012年5月	B502	
14	吴清秋	女		17	汉	87-502	2012年5月	B502	
15	郑艳燕	女		17	汉	87-502	2012年5月	B502	
16	曾晓婷	女		17	汉	87-503	2012年5月	B503	

图 4-12　设置工作表后的效果图

步骤1：打开刚做好的文件，首先把表格的标题字号调整到"22磅"，进行文字加粗设置。

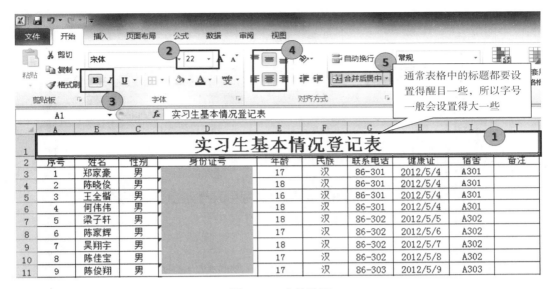

图 4-13　字体设置

步骤 2：调整表格中上表头的字体，设置为加粗，绿色。选中上表头后点鼠标右键，从弹出的右键菜单中选"设置单元格格式"，从中进行设置。

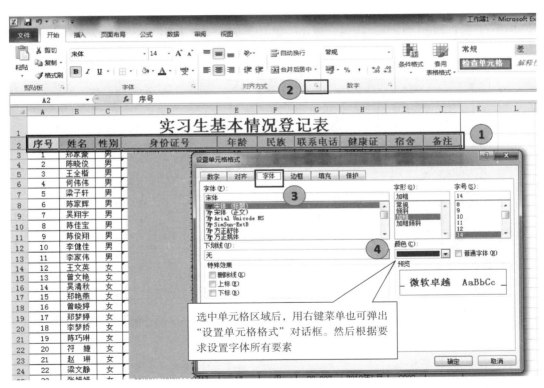

图 4-14　设置表头的字体

步骤 3：选择"设置单元格格式"菜单，单击"数字"中的"日期"选项，把健康证上的年月格式从 2012/4/5 调整为 2012 年 5 月。

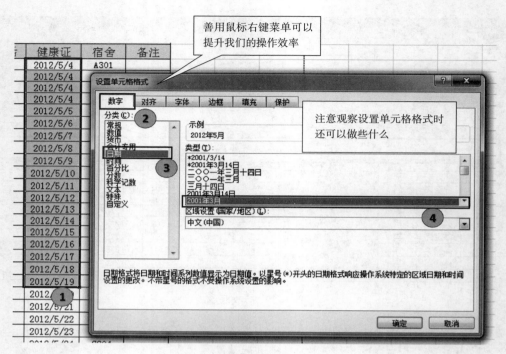

图 4-15 日期样式的调整

步骤 4：再次调整表格的"边框"样式，让表格看来起更漂亮一些。

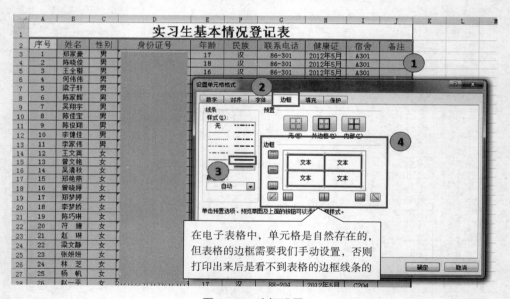

图 4-16 边框设置

知识链接

1. 关于 EXCEL

中文 Excel 是由 Microsoft 公司开发的电子表格软件，它是一个十分流行且功能出色的电子表格软件，它不但可用于个人事务的处理，而且被广泛应用于财务、统计和分析等领域。它具有如下主要功能：

（1）可以创建、分析和共享电子表格。

（2）可以利用图表和图形分析数据。

（3）可以利用自动格式编排功能创建数据丰富的电子表格。

2. 工作簿、工作表和单元格的概念

Excel 工作簿是计算和储存数据的文件，一个工作簿即为一个 Excel 文件。工作表是 Excel 用来存储和处理数据的最主要的文档，它是工作簿的一部分，又称电子表格，其中包含排列成行和列的单元格。单元格是工作表的基本单元，是工作表行和列的交点，我们输入的任何数据都将保存在这些单元格中。

3. 数字格式

输入工作表格中的数据中常有文字、数字还有日期等。在输入身份证号等多个数字时要注意，电子表格的 Excel 中默认的数字格式是"常规"，最多可以显示 11 位有效数字，超过 11 位就以科学记数形式表达。当单元格格式设置为"数值"、小数点位数为 0 时，最多也只能完全显示 15 位数字，超出 15 位的数字，从 16 位起显示为 0。

要输入 15 位以上的数字且能完全显示，有两种方法可以实现：

一是先输入一个英文单引号再输入数字；二是选中数字区域，执行"格式 / 单元格 / 数字 / 分类 / 文本"后点击"确定"，再直接输入数字。

4. 填充柄

使用填充柄可以快速填写各种类型的 Excel 列表，如：1、2、3；星期一、星期二；9：00、10：00；第 1 季度、第 2 季度或者 1 月 15 日、2 月 15 日等。

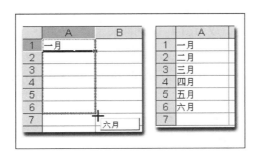

图 4-17　填充柄的使用

例：如果需要很多次重复键入一年中的前六个月，如上图所示，使用填充柄则可轻松完成这项操作。

操作步骤如下：

（1）在 A1 单元格中键入"一月"。

（2）选中"一月"单元格，再将鼠标指针放在单元格的右下角，直至出现黑色十字形符号"+"。

（3）在填充范围内拖住填充柄。拖动时，屏幕提示会显示将填写的内容。

（4）释放鼠标按钮，将提示的内容填充到列表中。

对于有些序列，需要键入两个条目才能建立填充模式。例如，若要填入 3，6，9 这样的序列，请选中两个单元，再拖动填充柄。也可以向上或向左拖动，还可以向下或向右拖动。

5. 工作表的添加、删除、重命名

通常在一个新打开的工作簿中包含 3 张默认的工作表，在工作表标签上单击鼠标右键弹出快捷菜单，选择"插入""删除"或"重命名"。

任务检测

（1）试着在工作表中添加一列，以"001、002、003……"为序号进行填充。

（2）如何同时删除序号为2号和4号的记录？

任务 13　美化工作表

学习目标

（1）了解工作表修饰的思路及修改的常用方法

（2）掌握调整行高、列宽的方法

（3）掌握添加（插入）、删除行与列的操作

（4）了解/掌握打印预览功能

任务分析

修改原有的表格并对表格进行美化是工作的常态。在本任务模块，我们将学习如何对原有的表格进行修改和美化。

任务实施

对原有的"新员工入职培训方案推进计划"（图4-18）进行调整和修改，删除部分不适用的内容，同时添加部分新内容，成为图4-19的样式。

	人员类别	培训分级	课题	主要内容	完成期限	培训期限	责任人	培训形式
				新员工培训方案推进计划（筹备期）				
	入职0到30天的员工	公司级	企业文化	公司历史与愿景、公司组织架构、主要业务		入职7天内	培训经理	视频、PPT、书面材料《员工手册》
				公司政策与福利、公司相关程序、绩效考核、各部门功能介绍、公司培训计划与程序				
				员工的综合素质大观：工作、沟通、行为、自我管理、荣誉维护等		入职30天内		
				军训与户外拓展		入职30天内		
				职业心态培训、自我激励与压力管理		入职30天内		
			安全知识	公司安全制度、安全方针介绍、区域主要安全设施、安全防护重点区域等		入职7天内	培训经理	面授/现场讲解
				其他公共安全常识，如消防器材的使用，逃生技巧、用电及交通安全等				
			规章制度	人事制度讲解（含职业发展）		入职前	培训经理	书面材料学习/答疑　《员工手册》
				行政制度讲解				
				部门结构与功能介绍、部门内的特殊规定、办公人员规范				
			酒店参观			入职30天内	培训经理	现场讲解
			定岗定编	培训考核		入职30天	人力资源总监	考核
				员工定岗		入职31天	人事经理	讲解
		部门级	岗位知识	部门基本情况熟悉：本部门组织架构、本岗位职责、工作方式、本阶段性绩效目标		定岗当天	主管/领班	部门内训资料
			安全知识	部门内部安全注意事项，本部门实操现场安全注意事项，安全事故应急处理措施及相关制度；本部门过往安全事故案例		定岗7天内	直接主管	面授/现场讲解
			岗位技能	岗位相关操作技能		定岗30天内	主管/领班	工作指导/实践练习
			评估考核	完成一套"新员工培训"表格		定岗30天内	部门经理/主管	面谈/现场评估

图4-18　需要修改的表格截图

新员工培训方案推进计划										
人员类别	培训分级	培训内容	主要内容	完成期限	培训期限	协助承办部门	责任人	培训形式	培训地点	考核方式
入职0到30天的员工	酒店级	企业文化	酒店历史、酒店组织架构、主要业务	9月24日	入职7天内	办公室	培训专员	视频、PPT、书面材料《员工手册》	酒店大会议室	试卷考核
			酒店政策与福利、绩效考核、酒店培训计划与程序	9月24日		办公室				
			综合素质：工作、沟通、行为、自我管理、荣誉维护等	9月20日	入职30天内	办公室				
		安全知识	酒店安全制度、区域主要安全设施、安全防护重点区域等	9月24日	入职7天内	办公室	培训专员/安全专员	面授/现场讲解	酒店大会议室	试卷考核
			公共安全常识，消防器材的使用，逃生技巧等	9月24日		办公室				
		规章制度	人事制度讲解（含职业发展）	9月27日	入职前	办公室	人事专员	书面材料学习/答疑《员工手册》	酒店员工小礼堂	试卷考核
			行政制度讲解	9月27日		办公室				
			部门结构与功能介绍、部门内的特殊规定、办公人员规范	9月27日		办公室				
			酒店参观		入职30天内	办公室	培训专员	现场讲解		
	部门级	企业文化	部门基本情况：部门组织架构、岗位职责、本阶段性绩效目标	9月30日	入职当天	办公室	主管/领班	部门内训资料	部门办公室	试卷考核
		安全知识	部门内部安全注意事项、安全事故应急处理措施及相关制度	9月24日	入职7天内	办公室	直接主管	面授/现场讲解	部门办公室	
		岗位技能	岗位相关操作技能			办公室	主管/领班	工作指导/实践练习		实操考核
		评估考核	完成一套"新员工培训"表格	9月16日	入职30天内	办公室	部门经理/主管	面谈/现场评估	酒店员工小礼堂	

注：凡新进员工根据入职人数确定在一个月内组织培训、考核、公布成绩、存档等，月底评估总结。

图 4-19 修改后的表格截图

步骤1：删除部分不适用的内容（行或是列），比如图 4-18 中的第 13 行。
选中不要的行号，单击鼠标右键，选右键菜单中的"删除"按钮。

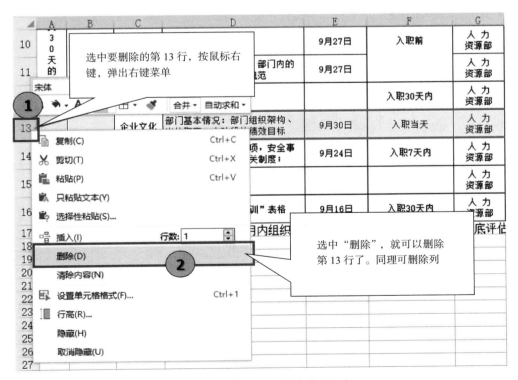

图 4-20 删除不适用的内容（行）

步骤2：调整表格中的行高。选中要调整的行号，按鼠标右键，从右键菜单中选"行高"命令，设置为"30"。

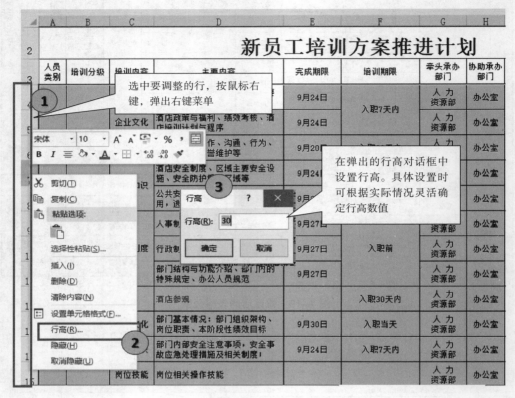

图 4-21　设置行高

步骤3：选中要调整的列号，用鼠标在两列间拉动调整。

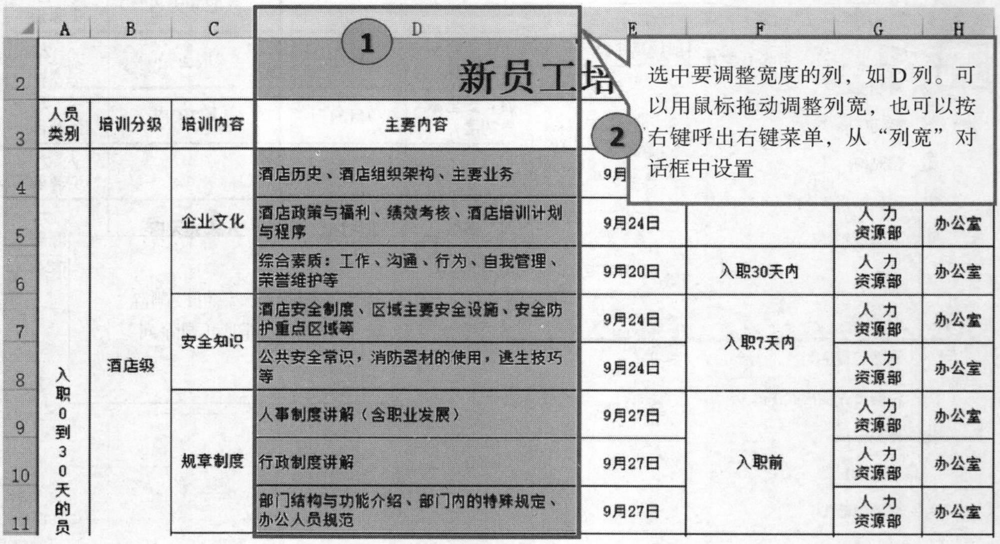

图 4-22　调整列宽

步骤4：插入新的一列。在要插入列的位置后点击鼠标右键，从右键菜单中选择"插入"。

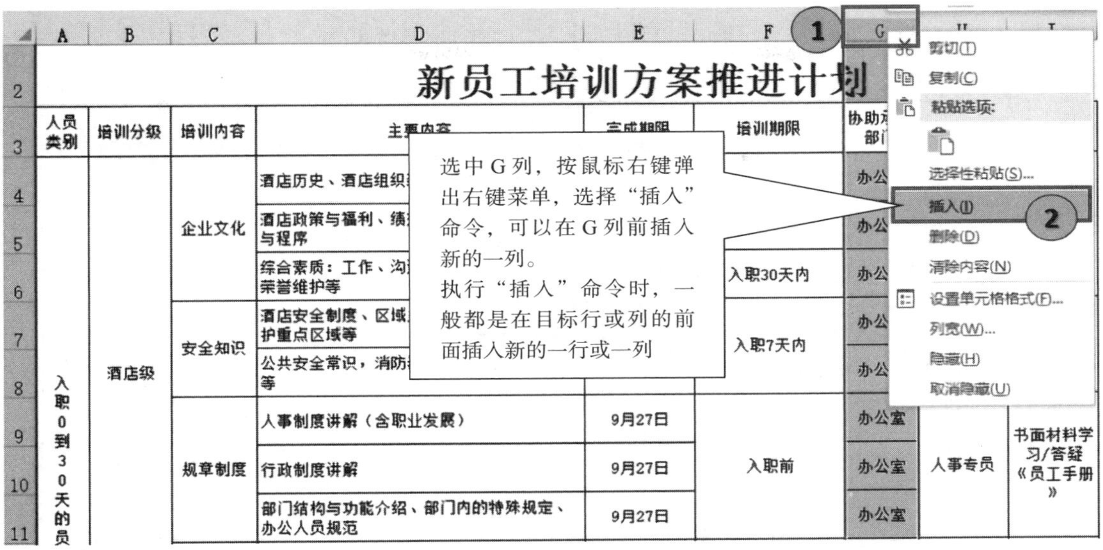

图 4-23　插入新的一列

步骤5：在插入的新列内输入"牵头承办部门"。

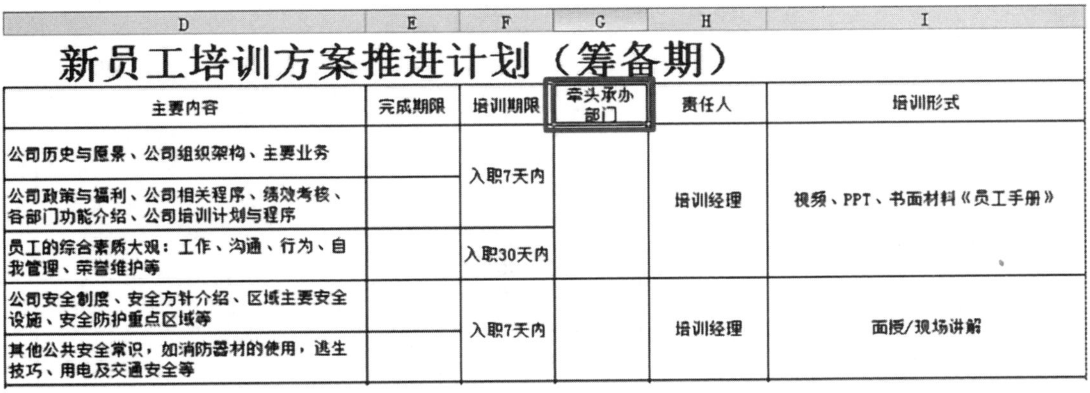

图 4-24　在新列内输入内容

步骤6：修改表格标题为"新员工培训方案推进计划"，并对上表头文字进行加粗设置。

图 4-25　设置表头文字样式

步骤7：修改表格的边框，并将各种不同的培训内容填充上不同的颜色，以突出培训的内容。

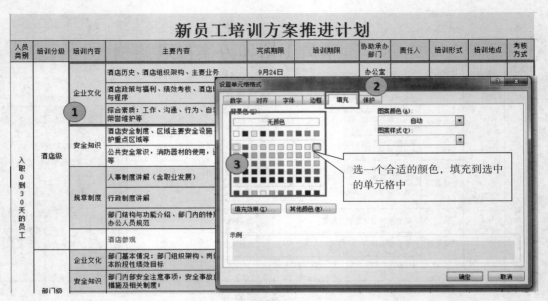

图 4-26　设置边框与填充颜色

步骤 8：使用预览功能，在"文件"—"打印"—"预览"里查看做好的"新员工培训方案推进计划"。

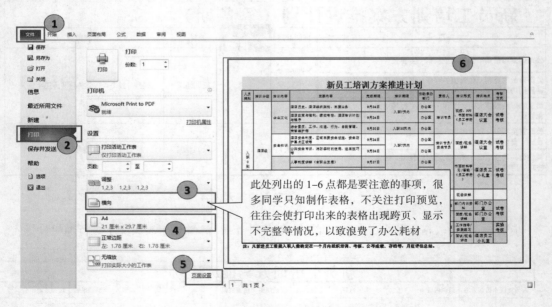

图 4-27　打印预览功能

步骤 9：对纸张进行调整，在"文件""打印""横向"里接着进行"页面设置"，尽量在保证阅读方便的同时，使页面设置更美观，同时避免浪费纸张。

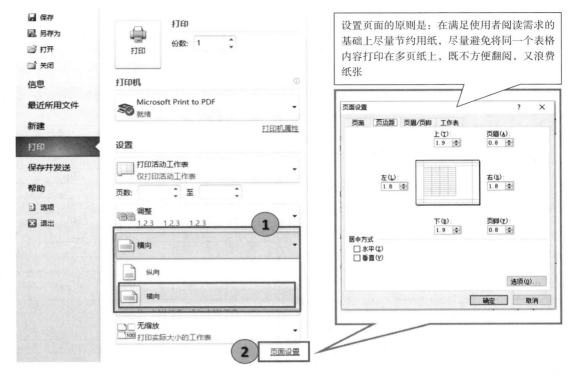

图 4-28　设置打印的纸张与方向、页面边距

任务检测

（1）按要求设置表格边框：外框线为双线，红色；内框线为单线，蓝色。

（2）设置上表头的填充颜色为淡黄色。

（3）将需要打印的表格用纸设定为 A3 纸。

任务 14　数 据 处 理

学习目标

（1）掌握表格数据中函数的计算方法

（2）掌握表格数据中公式的计算方法

（3）掌握电子表格的排序功能，能对表格数据进行简单排序

任务分析

对现有 Excel 表格中的数据进行处理，常用的有求和，求平均值、最大值、最小值以及计数函数。通过学习使用这几个函数，掌握函数的运用规律，顺便体验数据处理中的排序功能。

任务实施

一、设计并制作实习生培训成绩统计表格，完成数据的核算与排序

	A	B	C	D	E	F	G	H	I	J
1					入职培训考核成绩					
2	序号	姓名	英语口语	安全知识	规章制度	岗位技能	电脑操作	综合操作	总分	备注
3	1	郑家豪	80	70	96	92	85	165	423	
4	2	陈晓俊	75	70	83	81	100	175	409	
5	3	王全楷	65	93	91	75	75	140	399	
6	4	何伟伟	50	84	94	77	80	130	385	
7	5	梁子轩	75	83	75	65	85	160	383	
8	6	陈家辉	55	90	80	75	80	135	380	
9	7	吴翔宇	32	81	82	72	65	97	332	
10	8	陈佳宝	78	75	99	96	80	158	428	
11	9	陈俊翔	48	72	65	67	85	133	337	
12	10	李健佳	55	82	87	52	65	120	341	
13	11	李家伟	68	80	78	71	85	153	382	
14	12	王文英	90	85	95	95	100	190	465	
15	13	曾文艳	95	90	90	98	85	180	458	
16	14	吴清秋	50	55	87	71	67	117	330	
17	15	郑艳燕	65	68	82	98	82	147	395	
18	16	曾晓婷	95	90	90	100	90	185	465	
19	17	郑梦婷	65	97	80	86	85	150	413	
20	18	李梦娇	71	85	85	77	58	129	376	
21	19	陈巧琳	72	65	71	56	57	129	321	
22	20	符婕	61	88	55	92	88	149	384	
23	21	赵琳	65	50	73	85	73	138	346	
24	22	梁文静	95	73	72	79	75	170	394	
25	23	张妍妍	75	100	88	87	97	172	447	
26	24	林芝	81	43	86	98	70	151	378	
27	25	杨帆	96	91	90	88	86	182	451	
28	26	赵一平	45	84	70	77	84	129	360	
29	平均分		69.30769	78.61538	82.46154	81.15385	80.07692			

图 4-29　任务完成后的效果图

步骤 1：打开 Excel 软件，新建立一个名为"入职培训考核成绩"的 Excel 文件，并输入表格内容。

	A	B	C	D	E	F	G	H	I
1				① 入职培训考核成绩					
2	序号	② 姓名	英语口语	安全知识	规章制度	岗位技能	电脑操作	总分	备注
3	1	郑家豪	80	70	96	92	85		
4	2	陈晓俊	75						
5	3	③ 王全楷	65			根据考核的项目设计好表格的结构，				
6	4	何伟伟	50			然后录入所有参加考核人员的信息				
7	5	梁子轩	75						
8	6	陈家辉	55	90	80	75	80		
9	7	吴翔宇	32	81	82	72	65		
10	8	陈佳宝	78	75	99	96	80		

图 4-30　建立新文件

步骤 2：利用电子表格中的"自动求和功能""平均值"功能，算出每位同学的成绩总分与每个科目的平均分。

	A	B	C	D	E	F	G	H	I
1			入职培训考核成绩						
2	序号	姓名	英语口语	安全知识	规章制度	岗位技能	电脑操作	总分	备注
3	1	郑家豪	80	70	96	92	85		
4	2	陈晓俊	75	70	83		100		
5	3	王全楷							
6	4	何伟伟							
7	5	梁子轩							
8	6	陈家辉							
9	7	吴翔宇							
10	8	陈佳宝	78	75	99	96	80		

除了已有数据如考核的各科成绩外，一些合计数据如总分等具有统计性质的数据是需要进行计算的。Excel 对这些数据的处理具有很强的功能

图 4-31　统计数据

图 4-32　选择求和功能键

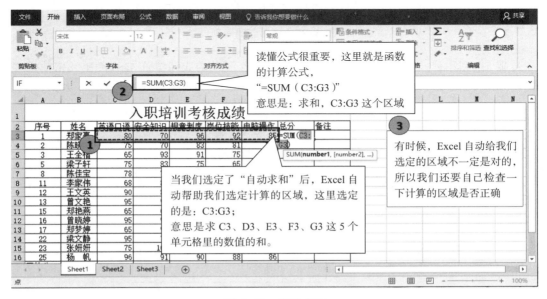

图 4-33　自动求和

步骤 3：拖动填充柄，完成个人总分与每科平均分的计算。

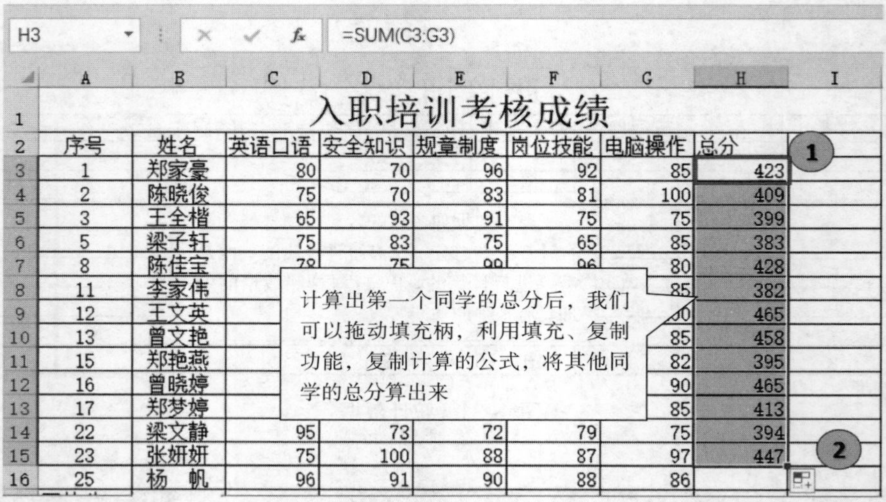

图 4-34   计算总分

步骤 4：在"总分"这一列右侧插入新的一列。由于要考核培训人员的综合操作能力，所以要统计"综合操作"成绩。综合操作能力＝英语口语＋电脑操作成绩。在表格的"备注"列前插入一列，并命名为"综合操作能力"。

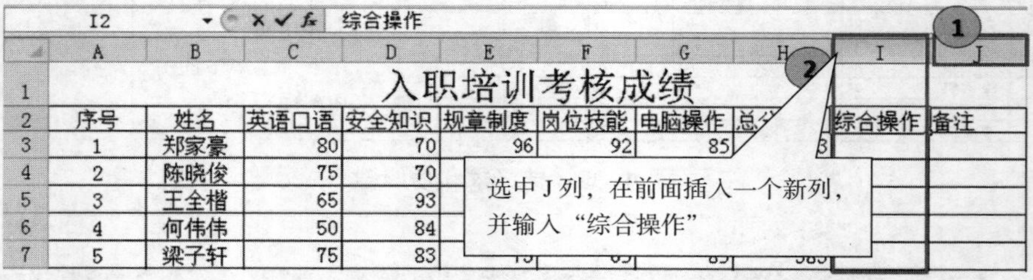

图 4-35   插入新的一列

步骤 5：利用公式求和的方法计算出"综合操作"项的成绩。首先在 I3 单元格输入"="号，然后单击 C3 单元格，再输入"＋"号，最后单击 G3 单元格，按回车键即可算出分数。

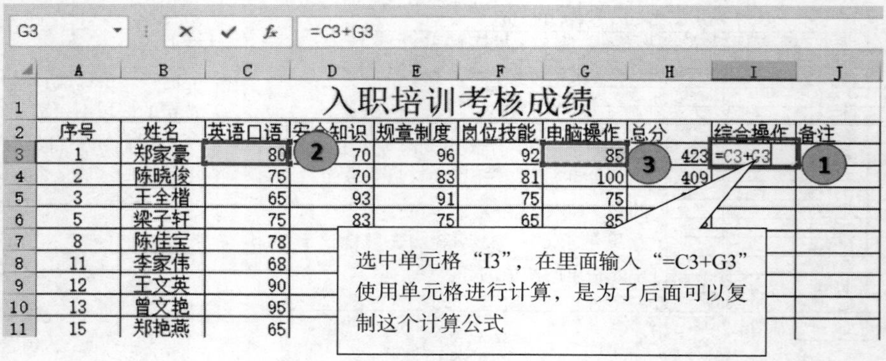

图 4-36   利用公式求和的方法计算第一个人的综合操作成绩

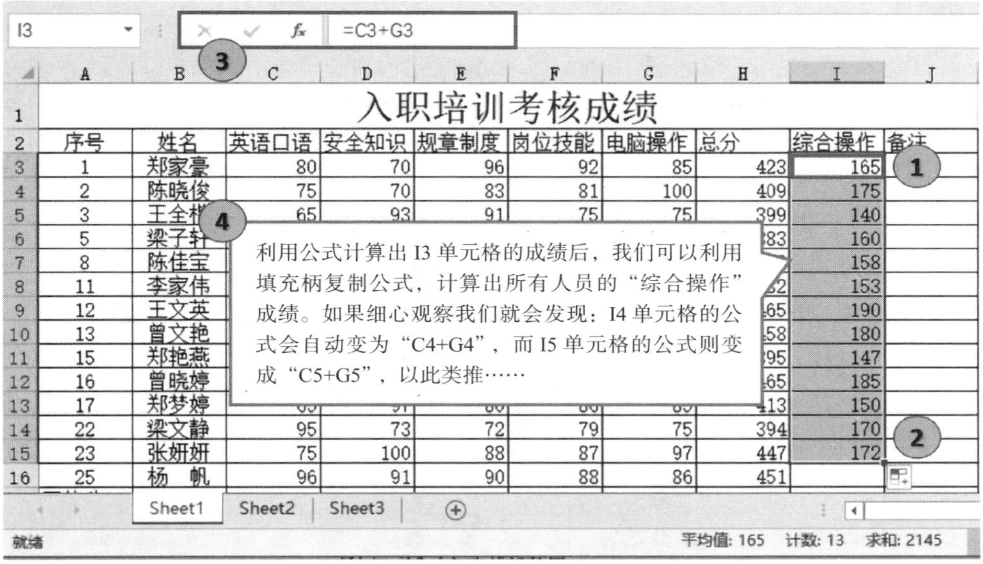

图 4-37 公式的计算

步骤 6：用 Excel 中的排序功能把所有实习生的培训成绩根据"综合操作"的成绩进行排序。选中整个表格（不含标题），再从"数据"菜单中找到"排序"命令，设置排序的关键字为"综合操作"，排序的依据为"数值"，次序为"降序"。

图 4-38 根据"综合操作"成绩来排序

知识链接

1. 使用公式

公式是对单元格中的数值进行计算的等式。通过公式可以对工作表数值完成各类数学运算。在默认状态下，公式从等号（＝）开头，由常量、单元格引用、函数和运算符等组成。运算符是公式组成的元素之一，它是一种符号，用于指明对公式中元素进行计算的类型。在 Excel 中包含三种类型的运算符：算术运算符、字符运算符、比较运算符。

表 4-1　运算符的功能举例及结果一览表

项目	运算符	运算功能	举例	运算结果
算术运算符	+	加法	=6+5	11
	−	减法	=44−D2	45 减单元格 D2 的值
	*	乘法	=A1*2	单元格 A1 的值乘 2
	/	除法	=J4/6	单元格 J4 的值除以 6
	%	求百分数	=30%	0.3
	^	乘方	=3^3	27
字符运算符	&	字符串连接	＝"工作表"&"2"	工作表 2
比较运算符	=	等于	=49/7=6	FALSE（假）
	<	小于	=7*8<58	TRUE（真）
	>	大于	=65>5	TRUE（真）
	<=	小于或等于	=300*20<=6000	TRUE（真）
	>=	大于或等于	=500/2>=200	TRUE（真）
	<>	不等于	=12<>11	FALSE（假）

2. 部分常用函数

Excel 中的函数是由函数名和用括号括起来的一系列参数构成。

常用的函数有：

（1）SUM：求和函数。

（2）AVERAGE：求平均函数

（3）MAX：求最大值函数

（4）MIN：求最小值函数

（5）COUNT：计数函数

（6）IF：逻辑真 / 假判断函数

（7）COUNTIF：条件计数

（8）RANK 排位函数

（9）SUMIF 条件求和函数

二、使用函数完成数据的核算

通过"2018 专业技能比赛成绩"的练习进一步掌握 Excel 中一些经常用到的函数的运用方法，进一步了解和巩固 Excel 强大的数据处理能力。

通过下面的练习，我们可以学习和掌握经常用到的 SUM（求和函数）、RANK（排位函数）IF（逻辑真 / 假判断函数）、SUMIF（条件求和函数）。学习完这几个函数，就可以轻松驾驭办公应用中涉及的 Excel 数据处理了。

知识链接

RANK 函数是计算机程序的一个函数，意思是返回结果集分区内指定字段的值的排名，指定字段的值的排名是相关行之前的排名加一。我们用一个案例进行说明。

在下面这个案例中，要求出每一个人的总分、个人的排名、个人的奖项等级以及部门团体的总分、部门团体的排名、部门团体的奖项等级。

序号	姓名	部门	英语交流	安全知识	法规与制度	信息系统	电脑技能	个人总分	个人排名	奖项等级
1	郑家豪	前厅	80	70	96	92	85			
2	陈晓俊	前厅	95	70	83	81	100			
3	王全楷	前厅	98	93	91	75	75			
4	梁子轩	前厅	98	83	75	65	85			
5	陈佳宝	前厅	100	75	99	86	90			
6	李宜佳	客房	68	80	78	78	78			
7	王文英	客房	90	85	95	98	97			
8	曾文艳	客房	95	90	90	88	95			
9	郑艳焘	客房	65	68	82	90	90			
10	曾晓婷	客房	95	90	90	100	90			
11	郑梦婷	管家部	65	97	80	86	85			
12	梁文静	管家部	95	73	72	79	75			
13	张妍妍	管家部	75	100	88	87	97			
14	马炜钊	管家部	96	91	90	88	86			
15	陈明超	管家部	78	89	79	94	87			
16	凌富	销售部	65	78	63	31	79			
17	王帅	销售部	87	96	81	71	63			
18	王进光	销售部	73	67	69	45	93			
19	陈巧琳	销售部	77	68	82	78	89			
20	赵一平	销售部	89	72	85	88	78			

2018专业技能比赛成绩

比赛结果汇总

部门名称	部门总分	部门排名	奖项等级
前厅			
客房			
管家部			
销售部			
总机			
财务部			

个人总分	SUM
个人排名	RANK
奖项等级	IF
部分部分	SUMIF
部门排名	RANK

奖项等级（个人）	第1名	一等奖
	第2名	二等奖
	第3名	三等奖

奖项等级（团体）	第1名	一等奖
	第2名	二等奖
	第3名	三等奖
	第4-6名	优秀奖

图 4-39　使用函数计算

个人总分部分，我们可以使用求和函数 SUM 就可以轻松算出结算，这里我们就不再重复。下面主要介绍其他几个函数。

首先，我们想计算个人的排名，使用 RANK（排位函数）就可以实现。

序号	姓名	部门	英语交流	安全知识	法规与制度	信息系统	电脑技能	个人总分	个人排名	奖项等级
1	郑家豪	前厅	80	70	96	92	85	423		
2	陈晓俊	前厅	95	70	83	81	100	429		
3	王全楷	前厅	98	93	91	75	75	432		
4	梁子轩	前厅	98	83	75	65	85	406		
5	陈佳宝	前厅	100	75	99	86	90	450		
6	李宜佳	客房	68	80	78	78		382		
7	王文英	客房	90	85				465		
8	曾文艳	客房	95	90				458		
9	郑艳焘	客房	65	68				395		
10	曾晓婷	客房	95	90				465		
11	郑梦婷	管家部	65	97	80	86	85	413		
12	梁文静	管家部	95	73	72	79	75	394		
13	张妍妍	管家部	75	100	88	87	97	447		
14	马炜钊	管家部	96	91	90	88	86	451		
15	陈明超	管家部	78	89	79	94	87	427		
16	凌富	销售部	65	78	63	31	79	316		
17	王帅	销售部	87	96	81	71	63	398		
18	王进光	销售部	73	67	69	45	93	347		
19	陈巧琳	销售部	77	68	82	78	89	394		
20	赵一平	销售部	89	72	85	88	78	412		

2018专业技能比赛成绩

①　在"个人排名"列，我们用 RANK 排位函数就可以直接算出每位同学的名次

图 4-40　使用 RANK 函数

步骤1：选中第一位同学的名次，案例中相应的单元格是"J3"，再选"插入函数"。

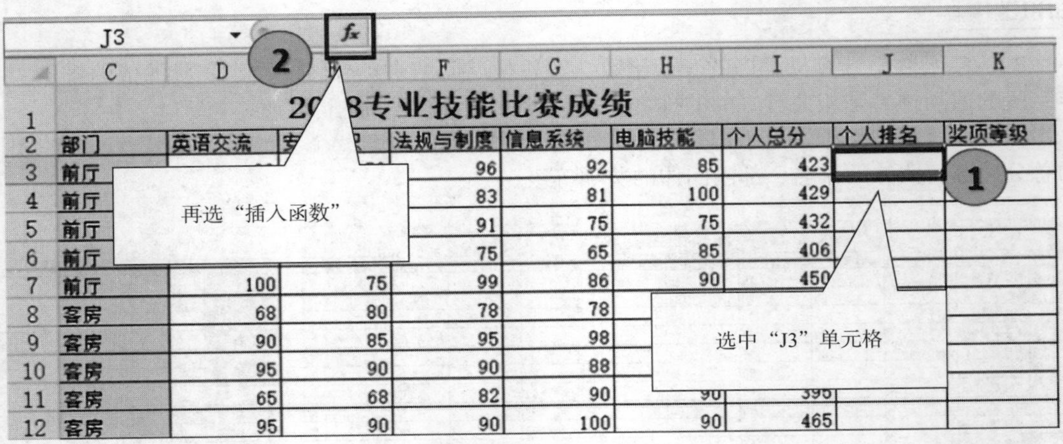

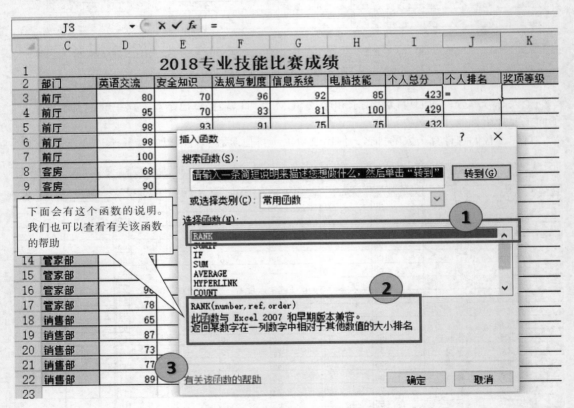

图4-41 插入函数

步骤2：选择RANK排位函数，再按"确定"键。

图4-42 选择RANK函数

步骤 3：设置函数的参数。

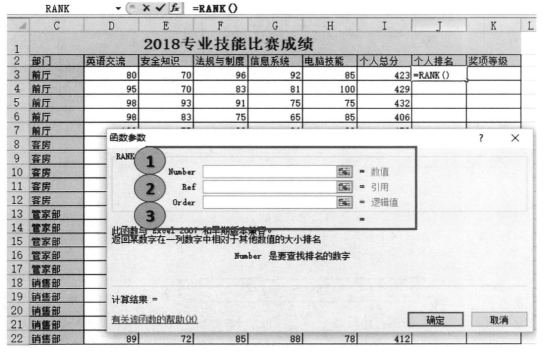

图 4-43 设置 RANK 函数参数

第一个参数，输入我们要计算的数据所在的单元格。本例中，我们选现在要计算的"郑家豪"的个人总分，就是"I3"单元格。

第二个参数，是指计算的范围，在区域中计算前面数值的排名。本例中，我们选"I3：I22"，就是要选所有参赛同学的个人总分集合。

第三个参数我们可以忽略。

最后按"确定"键。

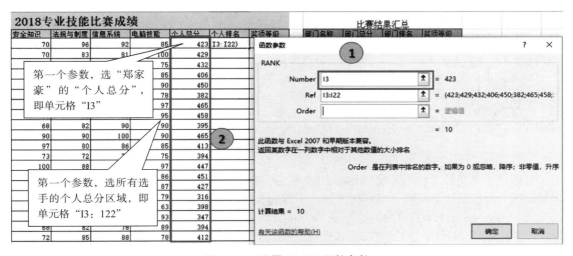

图 4-44 设置 RANK 函数参数

"郑家豪"同学的成绩排名就出来了。这时候，我们观察一下编辑栏上显示的公式：
"=RANK（I3，I3：I22）"

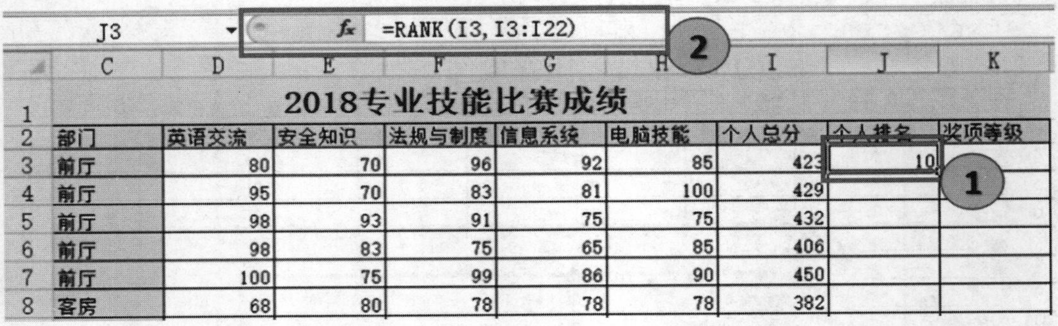

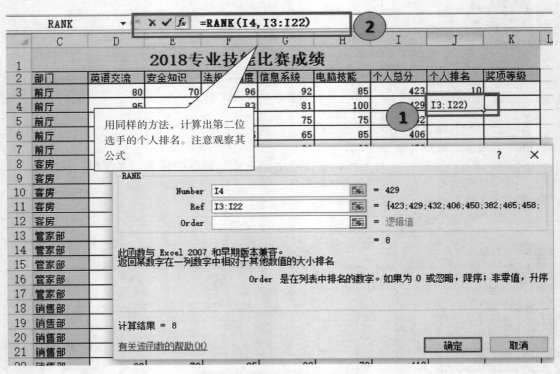

图 4-45　查看编辑栏显示的公式

步骤4：可以用一样的方法求出第二位员工的成绩，再观察编辑栏上显示的公式："=RANK（I4，I3：I22）"。对比这两个公式，我们会有什么发现？两个公式的差别在于所求的数据单元格变化了，但是其他的参数是不变的。

图 4-46　编辑栏上公式的区别

分析：如果我们直接用复制的办法去复制公式求出剩下的所有人员的成绩排名，会很容易出错，因为复制公式的时候，鼠标往下拉，所有的参数都会变动。比如："J3"单元格里的公式会变成"=RANK（I3，I3：I22）"，下面一个单元格"J4"里的公式则会是"=RANK（I4，I4：I23）"，再下一个单元格"J5"里的公式会是"=RANK（I5，I5：I24）"。这样的公式显然是错的。我们想要用复制公式的方法求出剩下的其他人的排名，那就要想办法固定第二个参数，就是保证全部人员的个人总分区域不变。

所以，我们必须对公式进行修改，然后再利用公式复制的方法计算出其他人的排名。

步骤 5：为第二个参数"I3：I22"加"$"，修改为"I$3：I$22"。

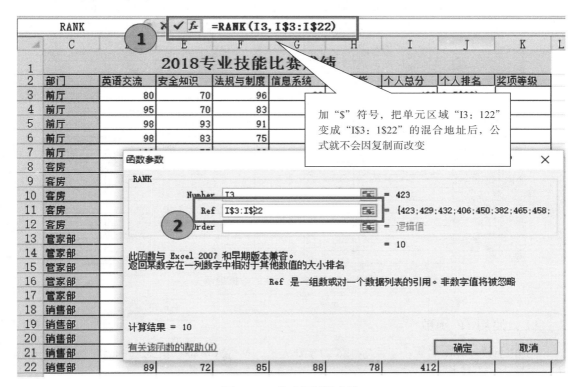

图 4-47　公式复制的方法

步骤 6：再用复制公式的方法求出剩下的其他人的总分排名。

安全知识	法规与制度	信息系统	电脑技能	个人总分	个人排名	奖项等级	部门名称
70	96	92	85	423	10		前厅
70	83	81	100	429	8		客房
93	91	75	75	432	7		管家部
83	75	65	85	406	13		销售部
75	99	86	90	450			总机
80	78	78	78	382			
85	95						
90	90						
68	82						
90	90						
97	80					部门部分	
73	72	79	75	394			部门排名

2018专业技能比赛成绩

用复制公式的方法求出剩下的其他人的总分排名

复制单元格(C)
仅填充格式(F)
不带格式填充(O)
快速填充(F)

图 4-48　公式复制的方法其他总分

步骤 7：这样，我们就完成总分排名了。

	C	D	E	F	G	H	I	J	K
1	2018专业技能比赛成绩								
2	部门	英语交流	安全知识	法规与制度	信息系统	电脑技能	个人总分	个人排名	奖项等级
3	前厅	80	70	96	92	85	423	10	
4	前厅	95	70	83	81	100	429	8	
5	前厅	98	93	91	75	75	432	7	
6	前厅	98	83	75	65	85	406	13	
7	前厅	100	75	99	86	90	450	5	
8	客房	68	80	78	78	78	382	18	
9	客房	90	85	95	98	97	465	1	
10	客房	95	90	90	88	95	458	3	
11	客房	65	68	82	90	90	395	15	
12	客房	95	90	90	100	90	465	1	
13	管家部	65	97	80	86	85	413	11	
14	管家部	95	73	72	79	75	394	16	
15	管家部	75	100	88	87	97	447	6	
16	管家部	96	91	90	88	86	451	4	
17	管家部	78	89	79	94	87	427	9	
18	销售部	65	78	63	31	79	316	20	
19	销售部	87	96	81	71	63	398	14	
20	销售部	73	67	69	45	93	347	19	
21	销售部	77	68	82	78	89	394	16	
22	销售部	89	72	85	88	78	412	12	

图 4-49 排名成功后的数据显示

三、使用 IF 函数

用 IF 函数计算出名次小于或等于 6 的参赛人员，这些人员将“获奖”，而将排名大于 6 的人员设置为“不获奖”。

	B	C	D	E	F	G	H	I	J	K
1	2018专业技能比赛成绩									
2	姓名	部门	英语交流	安全知识	法规与制度	信息系统	电脑技能	个人总分	个人排名	奖项等级
3	郑家豪	前厅	80	70	96	92	85	423	10	
4	陈晓俊	前厅	95	70	83	81	100	429	8	
5	王全楯	前厅	98	93	91	75	75	432	[illegible]	
6	梁子轩	前厅	98	83	75	65	85	406	13	
7	陈佳宝	前厅	100	75	99	86	90	[illegible]	5	
8	李宜佳	客房	68	80	78	78	78	[illegible]	18	
9	王文英	客房	90	85	95	[illegible]	[illegible]	[illegible]	1	
10	曾文艳	客房	95	90	90	[illegible]	[illegible]	[illegible]	3	
11	郑艳燕	客房	65	68	82	[illegible]	[illegible]	[illegible]	15	
12	曾晓婷	客房	95	90	90	[illegible]	[illegible]	[illegible]	1	
13	郑梦婷	管家部	65	97	80	86	85	413	11	
14	梁文静	管家部	95	73	72	79	75	394	16	
15	张妍妍	管家部	75	100	88	87	97	447	6	
16	马炜钊	管家部	96	91	90	88	86	451	4	
17	陈明超	管家部	78	89	79	94	87	427	9	
18	凌富	销售部	65	78	63	31	79	316	20	
19	王帅	销售部	87	96	81	71	63	398	14	
20	王进光	销售部	73	67	69	45	93	347	19	
21	陈巧琳	销售部	77	68	82	78	89	394	16	
22	赵一平	销售部	89	72	85	88	78	412	12	

2

关于奖项等级这一项，我们可以通过 IF 函数进行计算

图 4-50 使用 IF 函数

步骤 1：选中第一位同学对应的“奖项等级”单元格。本例中是“K3”单元格，再选插入

"函数"。

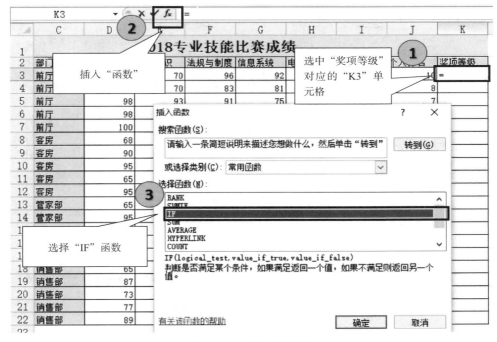

图 4-51　选择 IF 函数

步骤 2：进入函数参数设置页面。

图 4-52　设置 IF 函数参数

步骤 3：第一个参数我们要设置一个判断式，比如"J3>6"，意思是把我们的排名数据"J3"和 6 进行比较，如果比 6 大，那么上面那个判断式"J3>6"就成立，此时就返回第二个参数中的数值。如果比 6 小，那么上面那个判断式"J3>6"就不成立，此时就返回第三个参数中的数值。

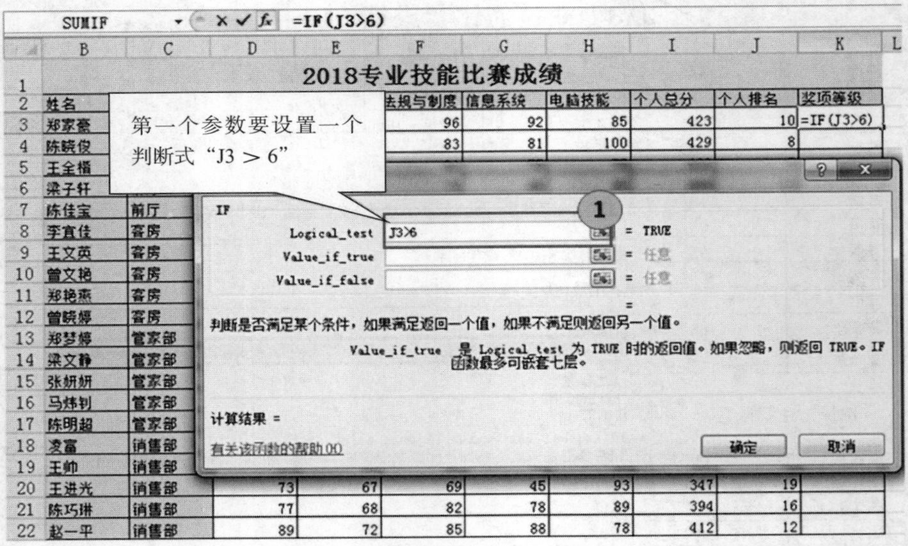

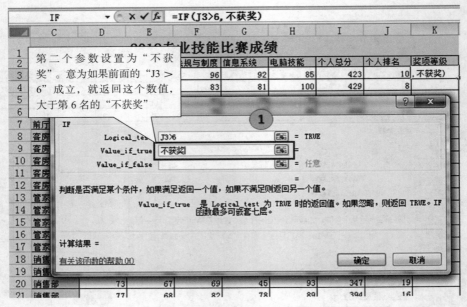

图 4-53　设置 IF 函数参数

步骤 4：设置第二个参数。如果上一个参数"J3>6"成立，就返回第二个数值。这个数值应设置成"不获奖"。

图 4-54　设置 IF 函数参数

步骤 5：设置第三个参数为"获奖"。如果第一个参数"J3>6"不成立，就返回第三个参数数值。因为只奖励前 6 名参赛人员，也就是只奖励名次小于或等于 6 的人员，所以第三个参数要设置为"获奖"。设置好后点击"确定"键即可。

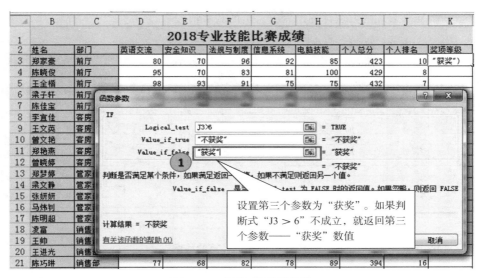

图 4-55　设置 IF 函数参数

步骤 6：计算出第一个人员的获奖情况。我们注意观察一下编辑栏上显示的公式："=IF（J3>6，"不获奖"，"获奖"）"

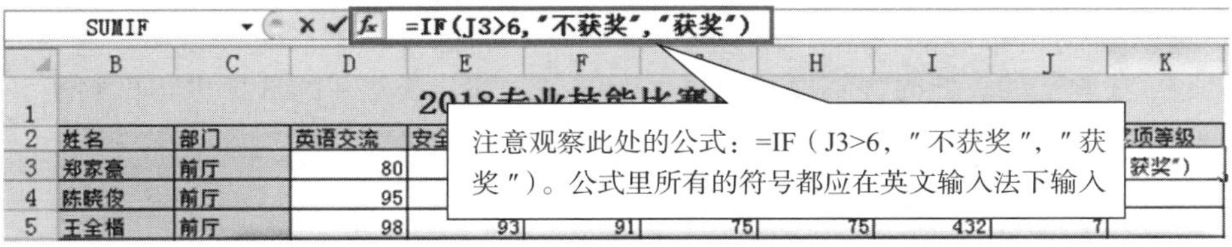

图 4-56　第一次查看编辑栏上的公式

接着再用同样的方法求出第二个人员的获奖情况。观察一下编辑栏上显示的公式："=IF（J4>6，"不获奖"，"获奖"）"

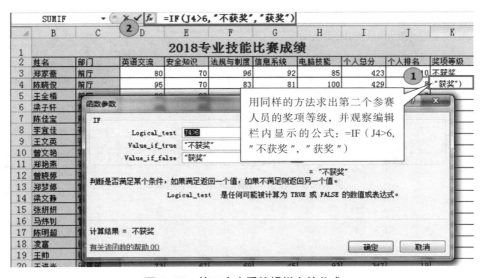

图 4-57　第二次查看编辑栏上的公式

步骤 7：用复制公式的方法计算出剩下人员的获奖情况。

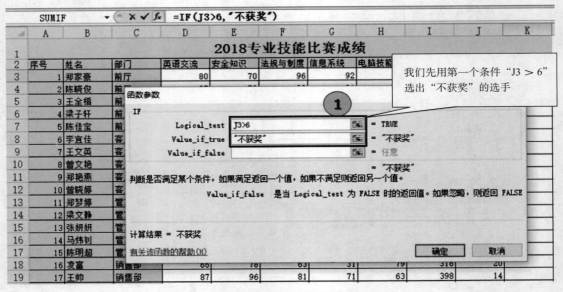

图 4-58　完成计算的数据

小结：在上面的操作中，我们做了一个简化版的奖项等级计算，运用了最简单的 IF 函数，把所有人分出获奖和不获奖。要求出两个结果，只要一个判断就可以了。如果我们想把所有人分成四类（不获奖，三等奖，二等奖，一等奖），就需要写一个三层嵌套的公式。这就像我们要把一段长的绳子分成四段时需要用剪刀剪三次一样。

步骤 8：写第一个判断式。基本的操作原理和前面是一样的，我们先写出第一个判断"J3>6"，判断出满足条件的选手，给他们"不获奖"的结果。不满足"J3>6"这个判断的选手，就应是"获奖"的。此时先不要写结果，而要对这部分获奖者的选择进行再判断。

图 4-59　设置 IF 函数的第一个判断式

步骤 9：选择第三个参数，再选择"IF"函数，这样就会进入第二层嵌套公式。

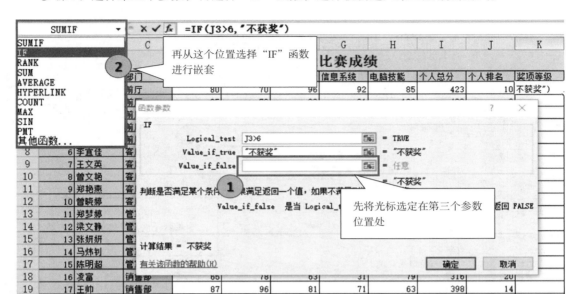

图 4-60　设置 IF 函数的第二层嵌套公式

步骤 10：第二次进入 IF 函数判断的界面。

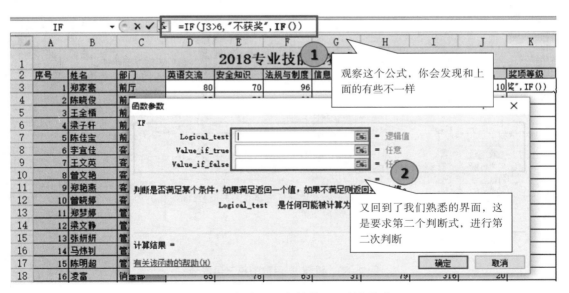

图 4-61　查看 IF 函数的第二层嵌套公式

步骤11：写第二次判断公式。对所有"获奖"选手进行判断，大于第3名的给他们"三等奖"，所以判断式应该是："J3>3"，第二个参数是"三等奖"。

图 4-62　设置 IF 函数的第二层嵌套

步骤12：再做一次判断。不满足判断式"J3>3"的选手，应是"二等奖"和"一等奖"获得者，我们还要再做一次 IF 函数的嵌套。

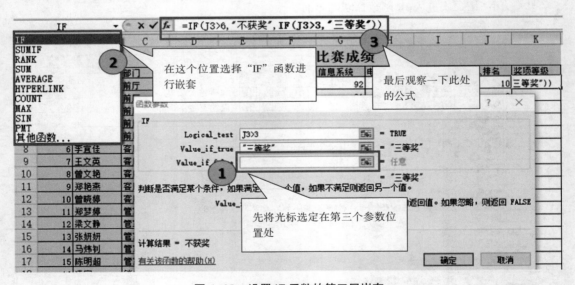

图 4-63　设置 IF 函数的第三层嵌套

步骤13：对名次比3小的选手进行判断。判断式应该是"J3>1"。满足这个判断式、排名大于1的选手就是"二等奖"获得者，不满足判断的选手就应当是"一等奖"的获得者了。

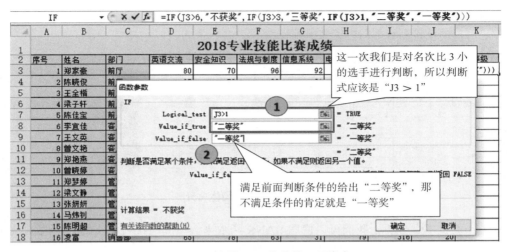

图 4-64　查看 IF 函数的第三层嵌套

IF 函数的第三层嵌套成功数据图表是图 4-65。

图 4-65　IF 函数的第三层嵌套成功数据图表

步骤 14：最后利用复制公式来完成整个表中其他选手奖项等级的计算。

图 4-66　利用复制公式完成其他数据的计算

此时就完成了参赛选手个人成绩部分的数据计算。我们还需要根据这个结果计算出部门团体总分、部门团体排名和部门团体奖项等级。

		C	D	E	F	G	H	I	J	K	L	M	N	O	P
1				2018专业技能比赛成绩									比赛结果汇总		
2		部门	英语交流	安全知识	法规与制度	信息系统	电脑技能	个人总分	个人排名	奖项等级		部门名称	部门总分	部门排名	奖项等级
3		前厅	80	70	96	92	85	423	10	不获奖		前厅			
4		前厅	95	70	83	81	100	429	8	不获奖		客房			
5		前厅	98	93	91	75	75	432	7	不获奖		管家部			
6		前厅	98	83	75	65	85	406	13	不获奖		销售部			
7		前厅	100	75	99	86	90	450	5	三等奖		总机			
8		客房	68	80	78	78	78	382	18	不获奖		财务部			
9		客房	90	85	95	98	97	465	1	一等奖					

图 4-67 计算部门团体总分

从操作的技术上分析，我们可以使用 RANK 函数来实现部门排名，使用 IF 函数来完成团体奖项等级计算。这两个函数前面已有讲述，此处就不再重复。下面重点讲一下部门总分这一列是怎么计算出来。

要计算部门总分，我们首先要知道部门总分的计算方法，比如前厅的部门总分就是前厅所有参赛选手的个人总分相加。

这样一来，我们就要分两个步骤来计算：第一，从所有参赛选手中找出某个部门的选手。第二，将这些找出来的选手的个人总分加起来。这样的操作可以用 SUMIF 函数来实现。

知识链接

SUMIF 函数是 Excel 常用函数。使用 SUMIF 函数可以对报表范围内符合指定条件的值求和。Excel 中 SUMIF 函数的用法是根据指定条件对若干单元格、区域或引用求和。

四、使用 SUMIF 函数计算出各个部门的总分

步骤 1：选择我们要计算的前厅部门总分相对应的单元格"N3"，再插入函数。

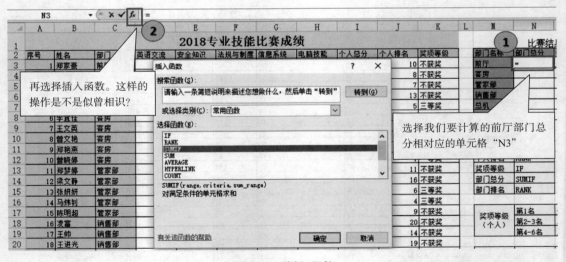

图 4-68　插入函数

步骤 2：选择 SUMIF 条件求和函数。

图 4-69　选择 SUMIF 函数

步骤 3：在全校统计财会 1813 班全班总分。我们应当设定三个条件：第一，全校学生的范围；第二，要查找的 1813 班学生；第三，将找到的 1813 班学生成绩加起来。

设置参数处有三栏：第一，全体选手的部门区域；第二，要求和的选手的部门；第三，全体选手的个人成绩。

函数会自动对指定部门的选手的个人成绩进行合计（求和）。

图 4-70 设置 SUMIF 函数参数

步骤 4：最终写成公式。

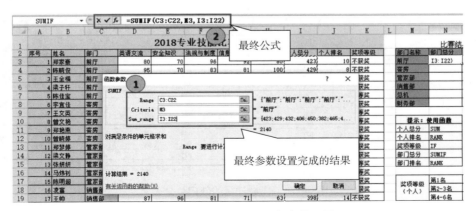

图 4-71　查看 SUMIF 函数参数设置

步骤 5：完成结果。

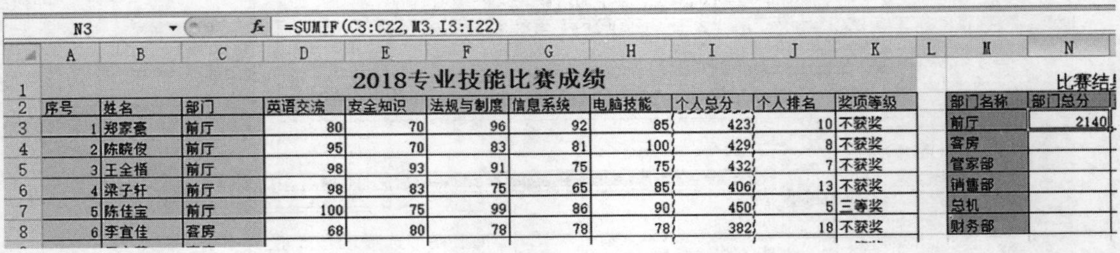

图 4-72   使用 SUMIF 函数设置的数据表

步骤 6：如果要使用复制公式的方式计算其他部门的总分，我们还要加 "$" 把相对地址转化为混合地址或是绝对地址来固定一些数据的区域。

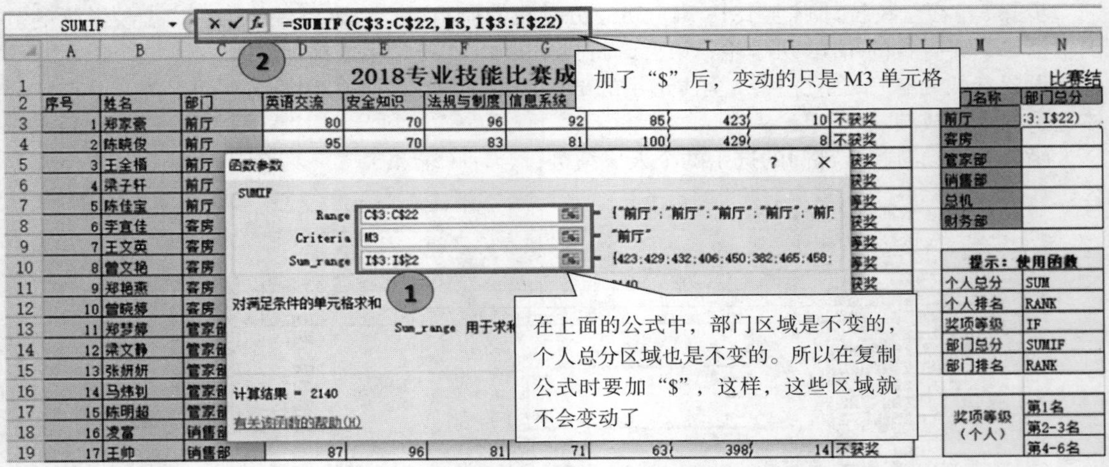

图 4-73   复制公式计算其他数据

步骤 7：当我们用复制公式的方式计算其他部门的总分时，变动的只是 M3…M4…M5…M6…，即部门由前厅部变成客房部、管家部、销售部、总机、财务部。

图 4-74   完成计算的部门总分表

到这里，我们利用 SUMIF 条件求和函数计算出了所有部门的部门总分。

序号	姓名	部门	英语交流	安全知识	法规与制度	信息系统	电脑技能	个人总分	个人排名	奖项等级
1	郑家豪	前厅	80	70	96	92	85	423	15	不获奖
2	陈晓俊	前厅	95	70	83	81	100	429	12	不获奖
3	王全福	前厅	98	93	91	75	75	432	10	不获奖
4	梁子轩	前厅	98	83	75	65	85	406	16	不获奖
5	陈佳宝	前厅	100	75	99	86	90	450	6	三等奖
6	李宣佳	客房	68	80	78	78	78	382	20	不获奖
7	王文英	客房	90	85	95	98	97	465	1	一等奖
8	曾文艳	客房	95	90	90	88	95	458	3	二等奖
9	郑艳素	客房	65	68	82	90	90	395	15	不获奖
10	曾晓婷	客房	95	90	90	100	90	465	1	一等奖
11	郑梦婷	管家部	65	97	80	86	85	413	9	不获奖
12	梁文静	管家部	95	73	72	79	75	394	13	不获奖
13	张妍妍	管家部	75	100	88	87	97	447	4	三等奖
14	马炜钊	管家部	96	91	90	88	86	451	2	二等奖
15	陈明超	管家部	78	89	79	94	87	427	5	三等奖
16	凌富	销售部	65	78	63	31	79	316	14	不获奖
17	王帅	销售部	87	96	81	71	63	398	9	不获奖
18	陈进光	销售部	73	67	69	45	93	347	11	不获奖
19	陈巧拼	销售部	77	68	82	78	89	394	9	不获奖
20	赵一平	销售部	89	72	85	88	78	412	6	三等奖
21	楚仁文	总机	79	91	73	87	79	409	6	三等奖
22	林明健	总机	66	82	91	55	63	357	7	不获奖
23	吴淑伦	总机	63	22	52	76	93	306	8	不获奖
24	符俭俭	总机	93	76	88	82	86	425	5	三等奖
25	符钰茹	总机	80	78	85	40	61	344	6	三等奖
26	胡静	财务部	85	58	85	80	92	400	5	三等奖
27	胡少静	财务部	100	75	85	85	95	440	3	二等奖
28	胡维晶	财务部	91	80	85	98	95	449	2	二等奖
29	黄海蓉	财务部	89	85	74	98	85	431	2	二等奖
30	黄戴媛	财务部	87	90	91	100	96	464	1	一等奖

比赛结果汇总

部门名称	部门总分	部门排名	奖项等级
前厅	2140	3	三等奖
客房	2165	2	二等奖
管家部	2132	4	优秀奖
销售部	1867	5	优秀奖
总机	1841	6	优秀奖
财务部	2184	1	一等奖

提示：使用函数	
个人总分	SUM
个人排名	RANK
奖项等级	IF
部门总分	SUMIF
部门排名	RANK

奖项等级（个人）	第1名	一等奖
	第2-3名	二等奖
	第4-6名	三等奖

奖项等级（团体）	第1名	一等奖
	第2名	二等奖
	第4-6名	优秀奖

图 4-75　使用 SUMIF 函数计算的数据表

我们平时运用电子表格时，还会遇到计算排名、条件求和的应用需求，如果能熟练运用 RANK、IF、SUMIF 等函数，可以大大提升我们的工作效率。

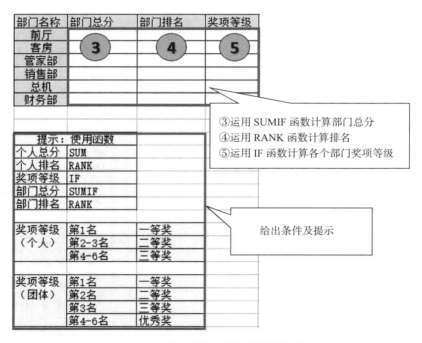

图 4-76　三个函数的作用

任务 15　数据的管理

（1）利用电子表格中的数据库处理功能，可熟练对数据表进行管理
（2）掌握数据的排序、筛选、高级筛选等操作
（3）了解 Excel 中的分类汇总，掌握分类汇总的一般运用原理及方法

任务分析

Excel 除了有强大的数据计算功能外，还有很强大的数据管理能力。在本任务模块中我们将体验如何利用 Excel 对已有数据进行排序、筛选还有高级筛选，利用这些筛选功能可以轻松地对原本复杂的数据进行分类管理，比如只留下需要用到的数据。此外，我们还要学习 Excel 分类汇总的功能，利用这一功能，可以对数据清单的各个字段逐级进行如求和、均值、最大值、最小值等汇总计算，并将计算结果分级显示出来。

本节采用的案例将会用到前面的情景设计，对实习学生的入职培训考核成绩进行处理，筛选出英语口语和计算机操作能力比较强的同学，同时还要找出所有在入职培训中不合格的员工，表扬那些表现突出的学生，组织考核不合格的学生进行第二轮培训（入职培训不合格的员工将延长实习期，同时不能转正）。

任务实施

一、学习 Excel 中的自动筛选功能

据管理需要，我们经常要从众多的数据中挑选出一部分满足条件的数据进行处理，即进行条件查询。

Excel2010 提供了自动筛选和高级筛选两种方法：自动筛选是一种快速的筛选方法，它可以方便地将那些满足条件的记录显示在工作表上；高级筛选可进行复杂的筛选，挑选出满足多重条件的记录。

本例将从"入职培训考核成绩"表中找出"英语口语"成绩在 80 分以上的员工。

下面先学习 Excel 的"自动筛选"功能。

从所有参加入职培训的同学中筛选出"英语口语"成绩在 80 分（含 80 分）以上、"电脑操作"成绩在 90 分（含 90 分）以上的同学，参加人事经理前厅接待员面试。

步骤 1：打开做好的"入职培训考核成绩"，选中整个表格（不含标题）。

序号	姓名	英语口语	安全知识	规章制度	岗位技能	电脑操作	综合操作	总分	备注
1	郑家豪	80	70	96	92	85	165	423	
2	陈晓俊	75	70	83	81	100	175	409	
3	王全楷	65	93	91	75	75	140	399	
4	何伟伟	50	84	94	77	80	130	385	
5	梁子轩	75	83	75	65	85	160	383	
6	陈家辉	55	90	80	75	80	135	380	
7	吴翔宇	32	81	82	72	65	97	332	
8	陈佳宝	78	75	99	96	80	158	428	
9	陈俊翔	48	72	65	67	85	133	337	
10	李健佳	55	82	87	52	65	120	341	
11	李家伟	68	80	78	71	85	153	382	

图 4-77　选择表格内容

步骤 2：选定表格中的数据区，从"数据"选项卡"排序和筛选"工具组中选中"筛选"，调整出"筛选"的选项。

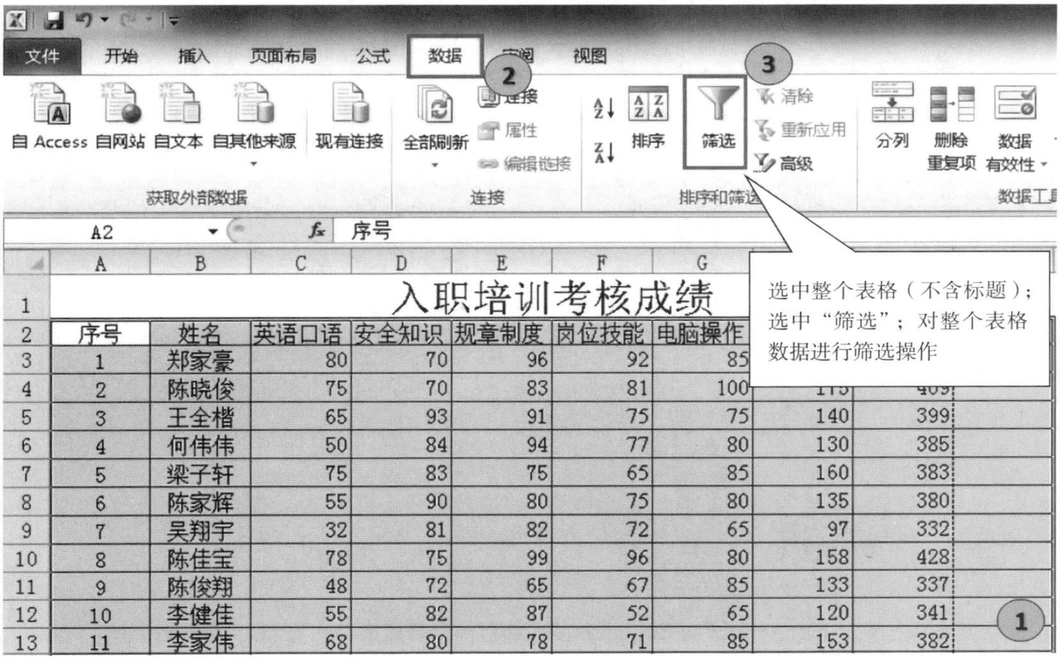

图 4-78　找到数据

步骤 3：对表格中相应的内容进行筛选。

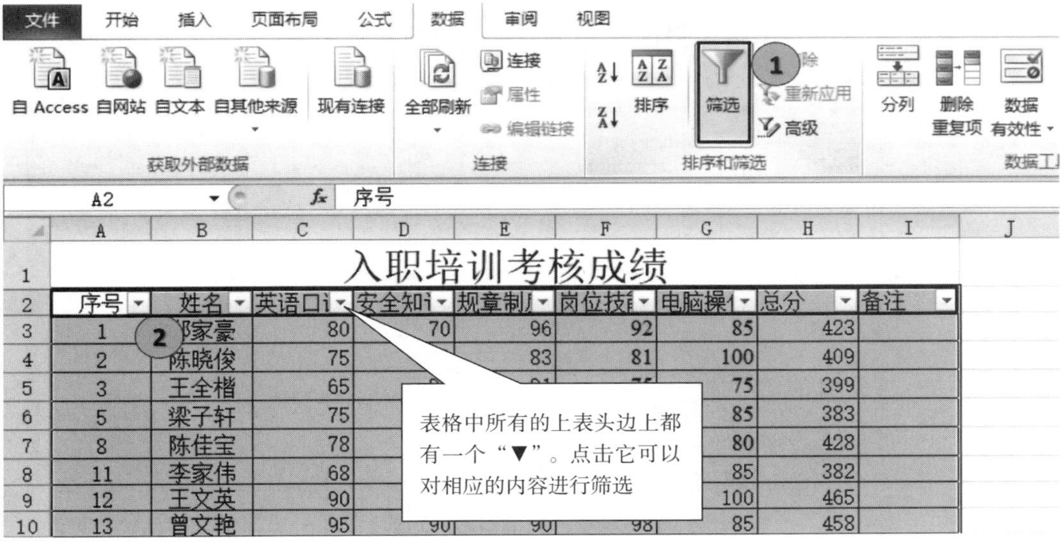

图 4-79　选定"筛选"

步骤 4：点击"英语口语"边上的小三角"▼"，在弹出的筛选设置菜单中设置筛选的参数，选择"数字筛选"右拉菜单中的"大于或等于"选项。

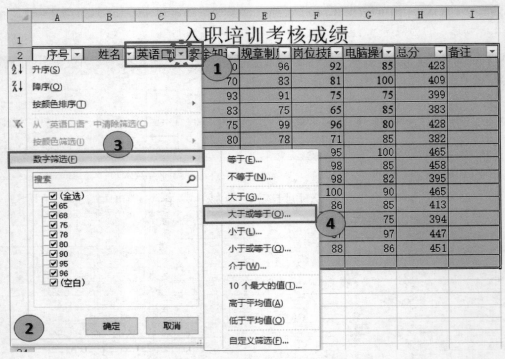

图 4-80 进入"英语口语"筛选窗口

步骤 5：弹出数字筛选的参数窗口。

▲	A	B	C	D	E	F	G	H	I
1				入职培训考核成绩					
2	序号▼	姓名▼	英语口语▼	安全知▼	规章制▼	岗位技▼	电脑操▼	总分▼	备注▼
3	1	郑家豪	80	70	96	92	85	423	
4	2	陈晓俊	7					409	
5	3	王全楷						399	
6	5	梁子轩	7					383	
7	8	陈佳宝	7					428	
8	11	李家伟	6					382	
9	12	王文英	9					465	
10	13	曾文艳	9					458	
11	15	郑艳燕						395	
12	16	曾晓婷	9					465	
13	17	郑梦婷	9					413	
14	22	梁文静	9					394	
15	23	张妍妍	75	100	88	87	97	447	
16	25	杨 帆	96	91	90	88	86	451	
17		平均分							

图 4-81 设置"英语口语"筛选参数

步骤 6：输入参数"大于或等于""80"，这样，将筛选出"英语口语"成绩大于"80"（含
80）的同学。

图 4-82 开始筛选

步骤 7：完成第一轮对"英语口语"成绩的筛选。

	A	B	C	D	E	F	G	H	I	J
1	入职培训考核成绩									
2	序号	姓名	英语口i	安全知i	规章制i	岗位技i	电脑操i	综合操i	总分	备注
14	12	王文英	90	85	95	95	100	190	465	
15	13	曾文艳	95	90	90	98	85	180	458	
18	16	曾晓婷	95	90	90	100	90	185	465	
24	22	梁文静	95	73	72	79	75	170	394	
26	24	林 芝	81	43	86	98	70	151	378	
27	25	杨 帆	96	91	90	88	86	182	451	

图 4-83 英语口语筛选结果

步骤 8：接着我们用类似的操作在上面结果的基础上筛选出"电脑操作"成绩大于或等于 90 分以上的同学。

	A	B	C	D	E	F	G	H	I	J
1	入职培训考核成绩									
2	序号	姓名	英语口i	安全知i	规章制i	岗位技i	电脑操i	综合操i	总分	备注
3	1	郑家豪	80	70	96	92	85	165	423	
14	12	王文英	90	85					458	
15	13	曾文艳	95	90					465	
18	16	曾晓婷	95	90					394	
24	22	梁文静	95	73					378	
26	24	林 芝	81	43					451	
27	25	杨 帆	96	91						
30										
31										
32										
33										
34										
35										

图 4-84 填入筛选条件

步骤 9：同样操作，筛选出"电脑操作"成绩大于或等于 90 分的结果。

	A	B	C	D	E	F	G	H	I
1	入职培训考核成绩								
2	序号	姓名	英语口i	安全知i	规章制i	岗位技i	电脑操i	总分	备注
14	12	王文英	90	85	95	95	100	465	
18	16	曾晓婷	95	90	90	100	90	465	
30									

图 4-85 筛选"电脑操作"成绩的结果

步骤 10：把这个结果复制一份放到 Sheet2 中，成为人事经理面试新员工名单。

图 4-86　复制工作表

步骤 11：再次单击"数据"菜单中的"筛选"按钮，表格又恢复之前的模样。

图 4-87　取消筛选

任务进行到这里，我们就完完整整地体验了一把 Excel 的自动筛选功能。

二、学习 Excel 中的高级筛选功能

Excel 除了有自动筛选功能，还有高级筛选功能，下面我们将通过案例的练习，学习运用高级筛选。

"高级筛选"一般用于条件较复杂的筛选操作中，其筛选的结果可显示在原数据表格中，不符合条件的记录将被隐藏起来。筛选的结果也可以在新的位置显示出来，不符合条件的记录同时保留在数据表中而不会被隐藏起来，这样便于进行数据的比对。

例如：在前面案例基础上，筛选出所有参加入职培训不及格（没达到 60 分）的员工，通知他们不能转正，并参加下个月的入职培训。这样的筛选会涉及相当多的条件。比如："英语口语"<60、"安全知识"<60、"规章制度"<60、"岗位技能"<60、"电脑操作"<60。这时使用"高级筛选"就相当方便了。下面我们一起完成这个案例。

步骤 1：在表格下面的空白单元格中，设置高级筛选的条件："英语口语""安全知识""规章制度""岗位技能""电脑操作"的成绩都不能大于 60。

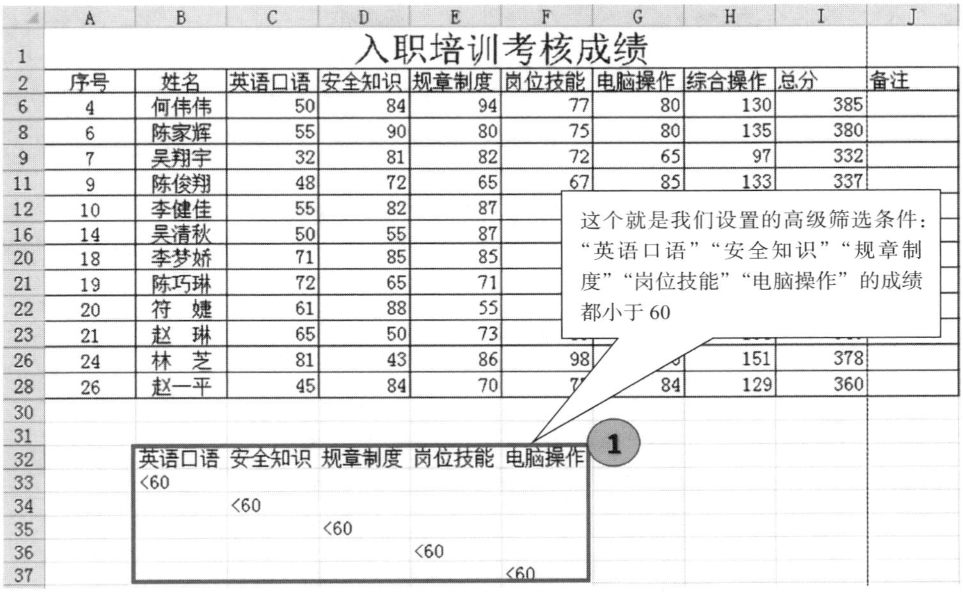

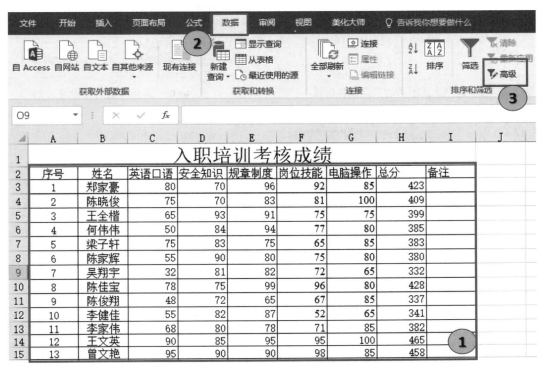

图 4-88 设置高级筛选条件

步骤 2：选定整个表格（不含标题和刚才设定的筛选条件），再单击"数据"项下的"高级"按钮。

图 4-89 高级筛选选项

步骤3：在弹出来的设置窗口中设置条件区域。

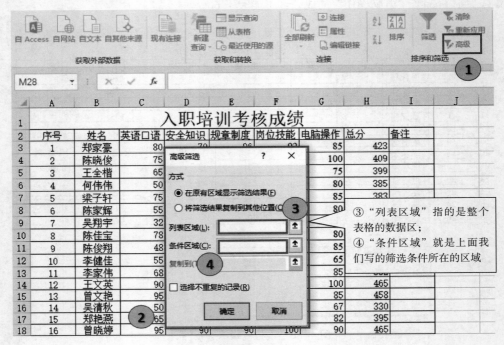

图 4-90　高级筛选选项说明

英语口语	安全知识	规章制度	岗位技能	电脑操作
<60				
	<60			
		<60		
			<60	
				<60

图 4-91 选中上面所写的筛选条件区域

序号	高级筛选条件		条件说明
1	英语口语	安全知识	英语口语小于60分，或者是安全知识小于60分（两个条件只要满足一个就可以选出）
	<60		
		<60	
2	英语口语	安全知识	英语口语小于60分，和安全知识小于60分（两个条件必须同时满足才可以选出）
	<60	<60	

图 4-92　高级筛选条件说明

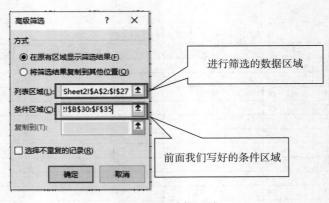

图 4-93　选择区域

步骤4：单击确定，即可筛选出所有单科培训不合格（单科成绩小于60分）的新员工。如下图便是不能转正同时需要参加下月入职培训及考核的人员名单。

	A	B	C	D	E	F	G	H	I	J
1	入职培训考核成绩									
2	序号	姓名	英语口语	安全知识	规章制度	岗位技能	电脑操作	综合操作	总分	备注
6	4	何伟伟	50	84	94	77	80	130	385	
8	6	陈家辉	55	90	80	75	80	135	380	
9	7	吴翔宇	32	81	82	72	65	97	332	
11	9	陈俊翔	48	72	65	67	85	133	337	
12	10	李健佳	55	82	87	52	65	120	341	
16	14	吴清秋	50	55	87	71	67	117	330	
20	18	李梦娇	71	85	85	77	58	129	376	
21	19	陈巧琳	72	65	71	56	57	129	321	
22	20	符　婕	61	88	55	92	88	149	384	
23	21	赵　琳	65	50	73	85	73	138	346	
26	24	林　芝	81	43	86	98	70	151	378	
28	26	赵一平	45	84	70	77	84	129	360	

图 4–94　任务完成后的效果图

三、Excel 分类汇总功能将数据分类分级显示

在平时的工作中，我们在处理 Excel 数据时，经常需要根据表中某列数据字段（如下面案例“2018 专业技能比赛成绩表”中各个部门“电脑操作”的成绩）对数据进行分类汇总。

分类汇总能让我们很直观地了解到例如某个部门员工考试（比赛）的最高分 / 最低分、各个部门员工的总分 / 平均分等。Excel 提供的分类汇总功能可以在同一份数据清单上满足不同的汇总要求。分类汇总可以对数据清单的各个字段按分类逐级进行如求和、均值、最大值、最小值等汇总计算，并将计算结果分级显示出来。

步骤 1：打开“2018 专业技能比赛成绩”表，运用“分类汇总”的功能将各个部门的员工比赛成绩逐级进行如求和、均值、最大值、最小值等汇总计算，并将计算结果分级显示出来。

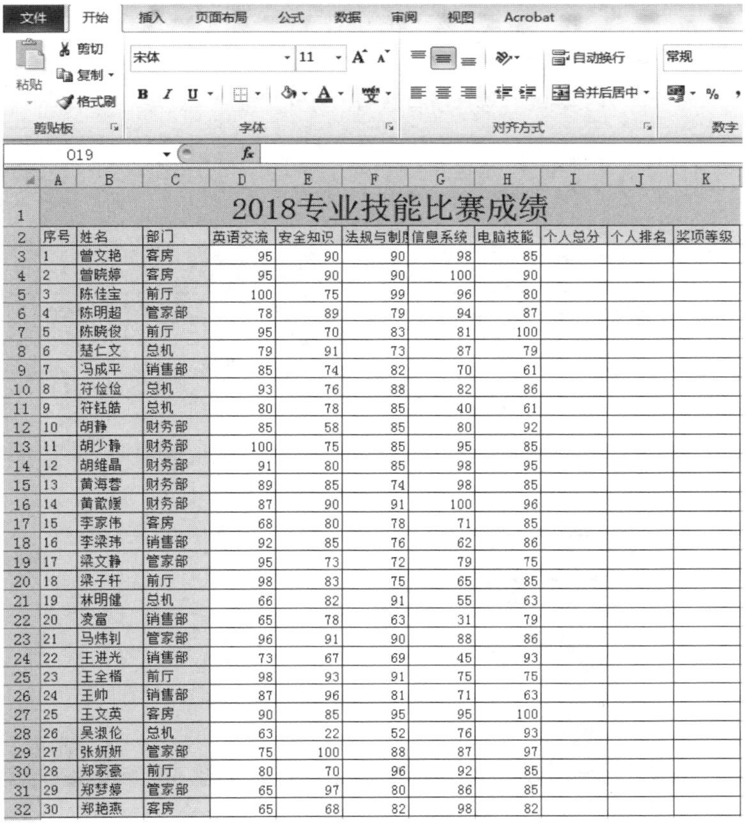

	A	B	C	D	E	F	G	H	I	J	K
1	2018专业技能比赛成绩										
2	序号	姓名	部门	英语交流	安全知识	法规与制度	信息系统	电脑技能	个人总分	个人排名	奖项等级
3	1	曾文艳	客房	95	90	90	98	85			
4	2	曾晓婷	客房	95	90	90	100	90			
5	3	陈佳宝	前厅	100	75	99	96	80			
6	4	陈明超	管家部	78	89	79	94	87			
7	5	陈晓俊	前厅	95	70	83	81	100			
8	6	楚仁文	总机	79	91	73	87	79			
9	7	冯成平	销售部	85	74	82	70	61			
10	8	符俭俭	总机	93	76	88	82	86			
11	9	符钰皓	总机	80	78	85	40	61			
12	10	胡静	财务部	85	58	85	80	92			
13	11	胡少静	财务部	100	75	85	95	85			
14	12	胡维晶	财务部	91	80	85	98	95			
15	13	黄海蓉	财务部	89	85	74	98	85			
16	14	黄歆媛	财务部	87	90	91	100	96			
17	15	李家伟	客房	68	80	78	71	85			
18	16	李梁玮	销售部	92	85	76	62	86			
19	17	梁文静	管家部	95	73	72	79	75			
20	18	梁子轩	前厅	98	83	75	65	85			
21	19	林明健	总机	66	82	91	55	63			
22	20	凌富	销售部	65	78	63	31	79			
23	21	马炜钊	管家部	96	91	90	88	86			
24	22	王进光	销售部	73	67	69	45	93			
25	23	王全楷	前厅	98	93	91	75	75			
26	24	王帅	销售部	87	96	81	71	63			
27	25	王文英	客房	90	85	95	95	100			
28	26	吴淑伦	总机	63	22	52	76	93			
29	27	张妍妍	管家部	75	100	88	87	97			
30	28	郑家豪	前厅	80	70	96	92	85			
31	29	郑梦婷	管家部	65	97	80	86	85			
32	30	郑艳燕	客房	65	68	82	98	82			

图 4–95　打开目标表格“2018 专业技术比赛成绩”表

步骤 2：选中所有数据（不含标题），单击"数据"项下的"排序"。

既然是分类汇总，首先就是要分类。我们会用排序的方法对数据进行分类。

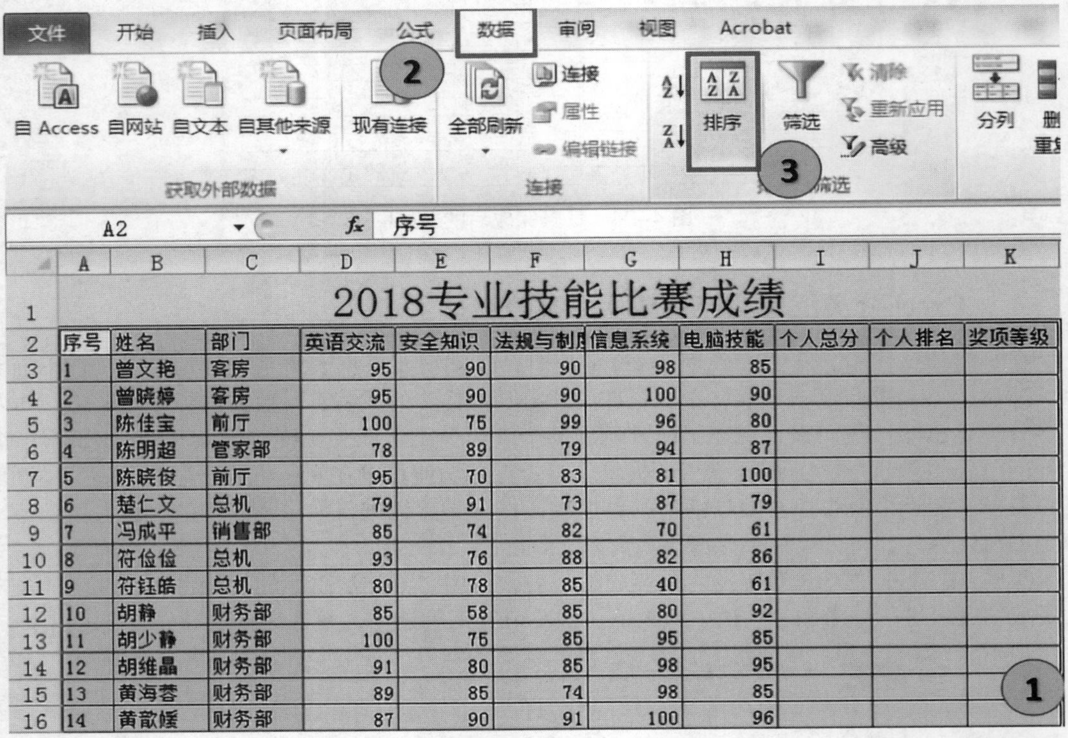

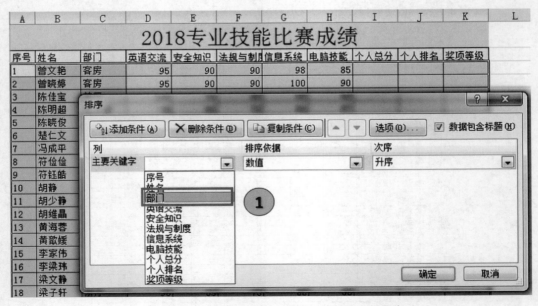

图 4-96 选择所有数据，打开"排序"选项

步骤 3：按部门排序。我们的目标是想分级显示各部门员工的总分 / 平均分 / 最高分等。

图 4-97 选择"部门"，将员工按部门进行分类

步骤 4：分类完成后，我们再选中整个表格的数据（不含标题）进行分类汇总。

序号	姓名	部门	英语交流	安全知识	法规与制度	信息系统	电脑技能	个人总分	个人排名	奖项等级
						2018专业技能比赛成绩				
10	胡静	财务部	85	58	85	80	92			
11	胡少静	财务部	100	75	85	95	85			
12	胡维晶	财务部	91	80	85	98	95			
13	黄海蓉	财务部	89	85	74	98	85			
14	黄歆暖	财务部	87	90	91	100	96			
4	陈明超	管家部	78	89	79	94	87			
17	梁文静	管家部	95	73	72	79	75			
21	马炜钊	管家部	96	91	90	88	86			
27	张妍妍	管家部	75	100	88	87	97			
29	郑梦婷	管家部	65	97	80	86	85			
1	曾文艳	客房	95	90	90	98	85			
2	曾晓婷	客房	95	90	90	100	90			

图 4-98　排序完成后的效果（所有员工都按"部门"分类）

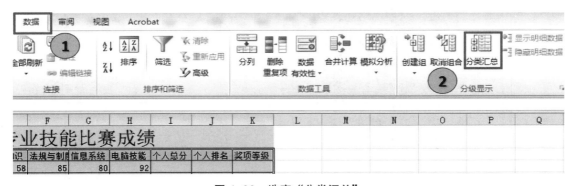

图 4-99　选定"分类汇总"

步骤 5：对分类汇总的项目、方式进行设置。

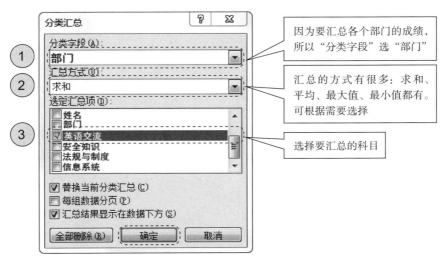

图 4-100　设置"分类汇总"的画面

步骤6：确定后，完成分类汇总。

		A	B	C	D	E	F	G	H	I	J	K
1			2018专业技能比赛成绩									
2		序号	姓名	部门	英语交流	安全知识	法规与制度	信息系统	电脑技能	个人总分	个人排名	奖项等级
3		10	胡静	财务部	85	58	85	80	92			
4		1	胡少静	财务部	100	75	85	95	85			
5		12	胡维晶	财务部	91	80	85	98	95			
6		13	黄海蓉	财务部	89	85	74	98	85			
7		15	黄宽媛	财务部	87	90	91	100	96			
8				财务部 汇	452							
9		4	陈明超	管家部	78	89	79	94	87			
10		17	梁文静	管家部	95	73	72	79	75			
11		2	马炜钊	管家部	96	91	90	88	86			
12		21	张妍妍	管家部	75	100	88	87	97			
13		29	郑梦蝶	管家部	65	97	80	86	85			
14				管家部 汇	409							
15		1	曾文艳	客房	95	90	90	98	85			
16		2	曾晓燕	客房	95	90	100	90	90			
17		18	李家伟	客房	68	80	78	71	85			
18		20	王文英	客房	90	85	95	95	100			
19		30	郑艳燕	客房	65	68	82	98	82			
20				客房 汇总	413							
21		3	陈佳宝	前厅	100	75	99	96	80			
22		5	陈晓俊	前厅	95	70	83	81	100			
23		13	梁子轩	前厅	98	83	75	65	85			
24		21	王全楷	前厅	98	93	91	75	75			
25		27	郑家銮	前厅	80	70	96	92	85			
26				前厅 汇总	471							
27		7	冯戚平	销售部	85	74	82	61				
28		16	李渌玮	销售部	92	85						
29		22	麦富	销售部	65	78						
30		22	王进光	销售部	73	67						
31		24	王帅	销售部	87	96						
32				销售部 汇	402							
33		6	楚仁文	总机	79	91	73	87	79			
34		8	符佾伶	总机	93	76	88	82	86			
35		9	符钰笛	总机	80	78	85	40	61			
36		19	林明健	总机	66	82	91	55	63			
37		26	吴淑伦	总机	63	22	52	76	93			
38				总机 汇总	381							
39				总计	2528							

可以自由选择显示/隐藏明细数据

图4-101 "分类汇总"完成效果图

步骤7：如果要恢复表格原来的显示（取消分类显示），只要在"分类汇总"对话框中选"全部删除"即可。

选择全部删除，可以取消分类汇总显示，恢复表格原样

图4-102 取消分类汇总显示

知识链接

1. 数据筛选

如果表格中的数据太多，使用"排序"功能来查找数据就不太方便了。

选择"数据"菜单中的"筛选"命令，可以对清单中的指定数据进行查找和做其他工作。在"筛选"命令子菜单中，Excel 提供了"自动筛选"和"高级筛选"两种筛选方式。"自动筛选"一般用于简单的条件筛选，筛选时将不满足条件的数据暂时隐藏起来，只显示符合条件的数据。"高级筛选"一般用于条件较复杂的筛选操作，其筛选的结果可显示在原数据表格中，不符合条件的记录被隐藏起来；也可以在新的位置显示筛选结果，不符合的条件的记录同时保留在数据表中而不会被隐藏起来，这样便于进行数据比对。

2. 分类汇总

分类就是对数据分类统计。对数据清单中的数据进行分析处理时，灵活运用分类汇总功能，可以免去一次次地输入公式和调用函数对数据进行求和、求平均值等操作，从而提高工作效率。要想对数据清单中的某一字段进行分类汇总，必须先对该字段进行排序操作，且数据清单中的第一行必须有字段名，否则分类汇总的结果将会出现错误。

任务检测

建立如下的工作簿文件，按要求完成操作。

	A	B	C	D	E	F
1	学号	姓名	数学	物理	化学	
2	04001201	张平	76	65	77	
3	04001202	李丽	87	78	49	
4	04001203	王大宝	90	98	76	
5	04001204	李小得	87	90	89	
6	04001205	叶文	56	88	98	
7	04001206	陈民昌	67	95	54	
8	04001207	吴材寺	89	87	87	

（1）在 F1 单元格输入平均分数，并计算每个人的平均分数，结果放在 F2：F8 中。

（2）对记录进行筛选，将平均分小于 80 的记录筛选出来复制到 sheet2 表中。

（3）将数据表中成绩小于 60 分的值用红色显示白蘑菇。（试用条件格式法）

任务 16　图表制作

学习目标

利用 Excel 图片表格，表现表格中的数据，让数据更直观、更容易理解

任务分析

前面我们学习了如何利用 Excel 输入数据、统计数据，以及对工作表进行修饰等。在实际生活中，有时我们为了能够直观地展现数据和分析数据，需要用图表表示表格中数据的比例关系，通过折线图、柱形图或饼图等图表可以将抽象的数据形象化，便于我们理解和分析。

比如：酒店人力资源部需要对实习生入职培训工作进行小结时，就需要将培训的成绩以图表的形式展示出来。当基于工作表选定区域建立图表时，Excel 使用来自工作表的值并将其当作数据点在图表上进行显示。数据点用条形、线条、柱形、切片、点及其他形状表示。这些形状称作数据表示。

简言之，Excel 的图表功能其实就是数据以图表的形式表现出来。

任务实施

一、利用图表，展现经入职培训后新员工的培训成绩

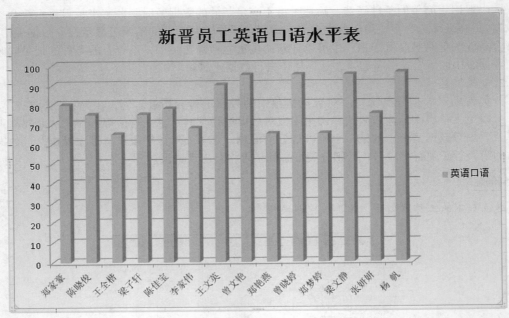

图 4-103　新员工英语口语培训成绩效果图

步骤 1：打开目标数据表格"入职培训考核成绩"表，观察表格，确定要将哪些数据制作成图表。

	A	B	C	D	E	F	G	H	I
1				入职培训考核成绩					
2	序号	姓名	英语口语	安全知识	规章制度	岗位技能	电脑操作	总分	备注
3	1	郑家豪	80	70	96	92	85	423	
4	2	陈晓俊	75	70	83	81	100	409	
5	3	王全楷	65	93	91	75	75	399	
7	5	梁子轩	75	83	75	65	85	383	
10	8	陈佳宝	78	75	99	96	80	428	
13	11	李家伟	68	80	78	71	85	382	
14	12	王文英	90	85	95	95	100	465	
15	13	曾文艳	95	90	90	98	85	458	
17	15	郑艳燕	65	68	82	98	82	395	
18	16	曾晓婷	95	90	90	100	90	465	
19	17	郑梦婷	65	97	80	86	85	413	
24	22	梁文静	95	73	72	79	75	394	
25	23	张妍妍	75	100	88	87	97	447	
27	25	杨 帆	96	91	90	88	86	451	
29	平均分		69.30769	78.61538	82.46154	81.15385	80.07692		

图 4-104　观察 / 确定要将哪些数据制作成图表（数据源）

步骤 2：选择要制作成图表的数据区域，并选定"插入"项下"图表"工具组中的"柱形图"。

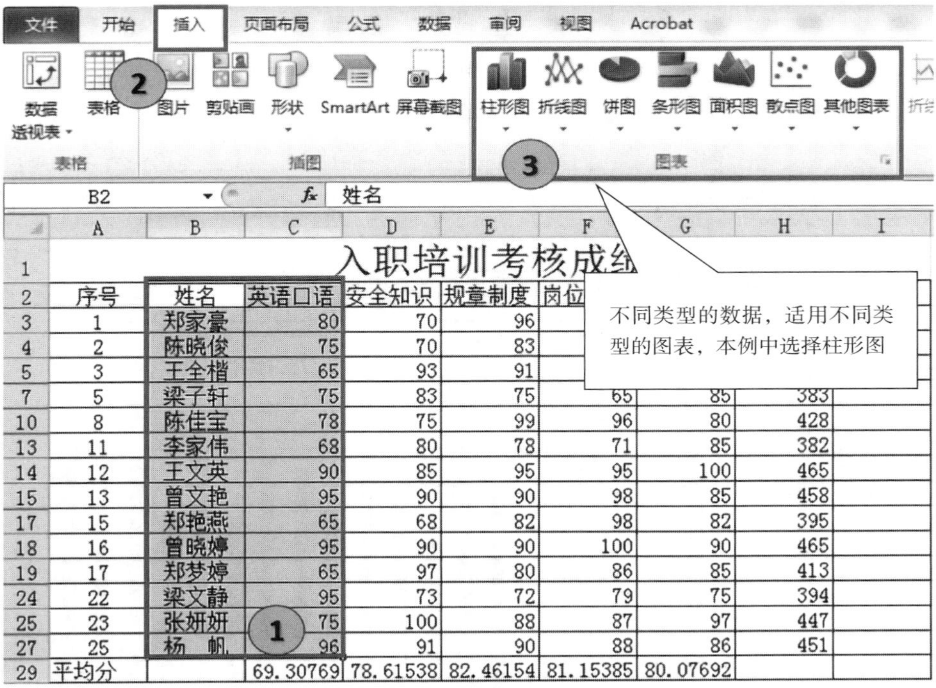

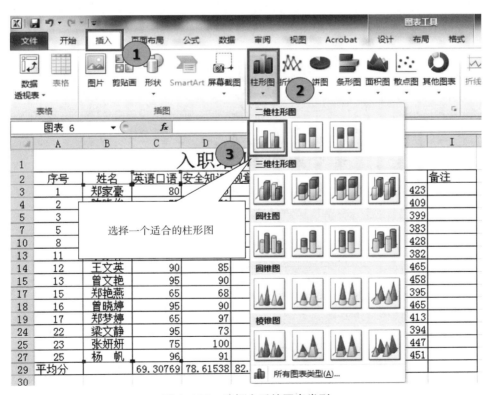

图 4-105　选择要制作成图表的数据（数据源）

步骤 3：选择合适表现数据特点的图表及类型。

图 4-106　选择合适的图表类型

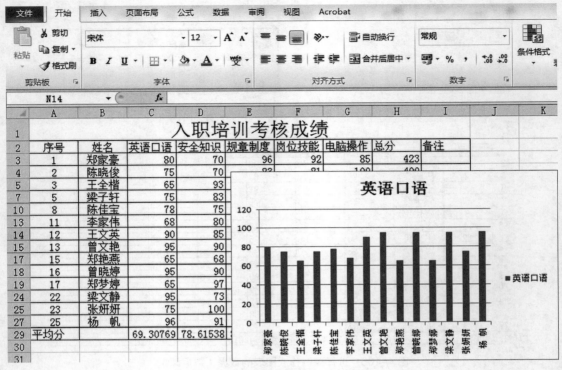

图 4-107　"确定"后的图表显示

　　步骤 4：虽然已经制作出图表，但是，这样的图表太素、太简单。为了强化视觉冲击力，一般还会对图表进行美化。

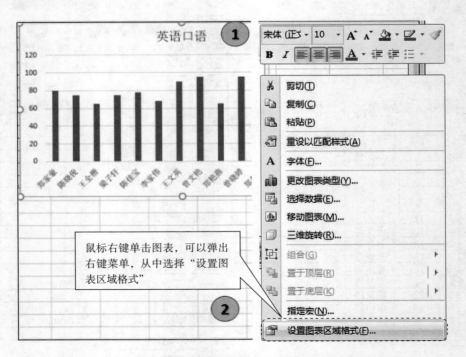

鼠标右键单击图表，可以弹出右键菜单，从中选择"设置图表区域格式"

图 4-108　利用图表区域格式对图表进行颜色 / 造型上的设计

步骤 5：适当美化表格。在生成的图表中点击右键，在弹出的菜单里选择"设置图表区域格式"。

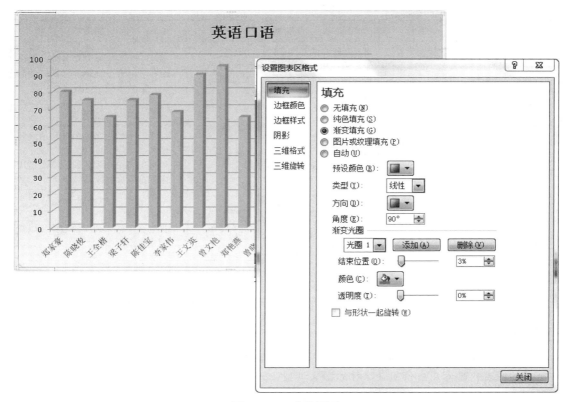

图 4-109　美化图形

步骤 6：调整图表的文字说明，最终生成图表。

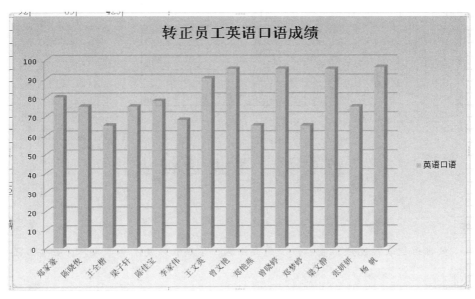

图 4-110　美化后的图表

知识链接

经常用到的图表类型

柱形图	折线图	饼图
用于显示一段时间内的数据变化或显示各项之间的比较情况。在柱形图中，通常沿水平轴组织类别，而沿垂直轴组织数值	可显示随时间而变化的连续数据，常适用于显示在相等时间间隔下数据的趋势。在折线图中，类别数据沿水平轴均匀分布，所有值数据沿垂直轴均匀分布	显示一个数据系列中各项的大小与各项总和的比例。饼图中的数据点显示为整个饼图的百分比
条形图	**面积图**	**XY 散点图**
显示各个项目之间的比较情况	强调数量随时间而变化的程度，也可用于引起人们对总值趋势的注意	显示若干数据系列中各数值之间的关系，或者将两组数绘制为 xy 坐标的一个系列。股价图经常用来显示股价的波动
曲面图	**圆环图**	**气泡图**
显示两组数据之间的最佳组合	像饼图一样，圆环图显示各个部分与整体之间的关系，但是它可以包含多个数据系列	排列在工作表列中的数据可以绘制在气泡图中
雷达图		
比较若干数据系列的聚合值		

任务检测

　　根据"安卓手机厂商市场份额排行榜（国内）"中表格数据，制作一个国内安卓手机市场占有率的图表，思考应当使用什么样的图表类型，并对图表进行美化修饰。

安卓手机厂商市场份额排行榜

名次	品牌（厂商）	所占比率
第1名	华为	27.78%
第2名	VIVO	16.90%
第3名	OPPO	16.68%
第4名	小米	8.11%
第5名	三星	7.30%
第6名	酷派	6.01%
第7名	金立	5.30%
第8名	魅族	2.28%
第9名	联想	1.57%
第10名	乐视	1.21%

任务 17　数据透视表

学习目标

　　掌握"数据透视表"功能，能够依次完成筛选、排序和分类汇总等操作，并生成汇总表格

任务分析

　　学习数据透视表，利用其强大的功能一次性将复杂的统计数据（如筛选、排序、分类汇总

等）集成在一张表格中，便于数据利用者随时对数据进行查询。

案例：酒店每年都会对各部门使用的设备进行更新维护，利用 Excel 数据透视表分类求各个部门每年的设备损耗及更新情况，汇总第一季度酒店各个部门的电脑设备消耗情况。

"数据透视表"能够依次完成筛选、排序和分类汇总等操作，所以特别适用于对数据进行分类分析。

任务实施

一、打开"2018 年酒店电脑设备更新表"，对数据进行分析

2018年酒店电脑设备更新表

营业部	商品	销售日期	数量	单价	总金额
销售部	显示器	2018年2月5日	2	2,154.00	4,308.00
财务部	鼠标	2018年2月5日	25	36.00	900.00
销售部	硬盘	2018年2月5日	25	568.00	14,200.00
客房部	硬盘	2018年2月5日	32	568.00	18,176.00
销售部	硬盘	2018年2月5日	19	568.00	10,792.00
客房部	鼠标	2018年2月5日	58	36.00	2,088.00
销售部	硬盘	2018年3月3日	40	568.00	22,720.00
前厅部	显示器	2018年3月3日	8	2,154.00	17,232.00
销售部	显示器	2018年3月3日	5	2,154.00	10,770.00
管家部	鼠标	2018年3月3日	54	36.00	1,944.00
客房部	显示器	2018年3月3日	14	2,154.00	30,156.00
客房部	硬盘	2018年3月3日	7	568.00	3,976.00
客房部	显示器	2018年3月3日	11	2,154.00	23,694.00
前厅部	硬盘	2018年3月3日	9	568.00	5,112.00
前厅部	显示器	2018年3月25日	7	2,154.00	15,078.00
销售部	硬盘	2018年3月25日	21	568.00	11,928.00
管家部	显示器	2018年3月25日	5	2,154.00	10,770.00
销售部	鼠标	2018年3月25日	32	36.00	1,152.00
管家部	鼠标	2018年3月25日	36	36.00	1,296.00
销售部	显示器	2018年3月25日	12	2,154.00	25,848.00
前厅部	显示器	2018年3月25日	9	2,154.00	19,386.00
前厅部	鼠标	2018年3月25日	62	36.00	2,232.00
管家部	鼠标	2018年3月25日	5	36.00	180.00
前厅部	鼠标	2018年3月25日	21	36.00	756.00
客房部	显示器	2018年3月25日	6	2,154.00	12,924.00
管家部	显示器	2018年3月25日	3	2,154.00	6,462.00
前厅部	鼠标	2018年3月25日	87	36.00	3,132.00
管家部	显示器	2018年3月25日	5	2,154.00	10,770.00
管家部	硬盘	2018年3月25日	30	568.00	17,040.00
销售部	硬盘	2018年3月25日	24	568.00	13,632.00

图 4-111　设备更新表截图

步骤 1：选中所有数据（不含表格标题），再选择"插入"项下的"数据透视表"。

| A2 | ▾ : × ✓ fx | 营业部 |

	A	B	C	D	E	F
1			2018年酒店电脑设备更新表			
2	营业部	商品	销售日期	数量	单价	总金额
3	销售部	显示器	2018年2月5日	2	2,154.00	4,308.00
4	财务部	鼠标	2018年2月5日	25	36.00	900.00
5	销售部	硬盘	2018年2月5日	25	568.00	14,200.00
6	客房部	硬盘	2018年2月5日	32	568.00	18,176.00
7	销售部	硬盘	2018年2月5日	19	568.00	10,792.00
8	客房部	鼠标	2018年2月5日	58	36.00	2,088.00
9	销售部	硬盘	2018年3月3日	40	568.00	22,720.00
10	前厅部	显示器	2018年3月3日	8	2,154.00	17,232.00
11	销售部	显示器	2018年3月3日	5	2,154.00	10,770.00
12	管家部	鼠标	2018年3月3日	54	36.00	1,944.00
13	客房部	显示器	2018年3月3日	14	2,154.00	30,156.00
14	客房部	硬盘	2018年3月3日	7	568.00	3,976.00
15	客房部	显示器	2018年3月3日	11	2,154.00	23,694.00
16	前厅部	硬盘	2018年3月3日	9	568.00	5,□□□.00
17	前厅部	显示器	2018年3月25日	7	2,154.00	15,□□□.00

（2）

图4-112　插入数据透视表

步骤2：进行数据透视表的设置。

图4-113　选择处理的数据区域及透视表的位置

步骤 3：选择在本表 H2 单元格生成数据透视表。

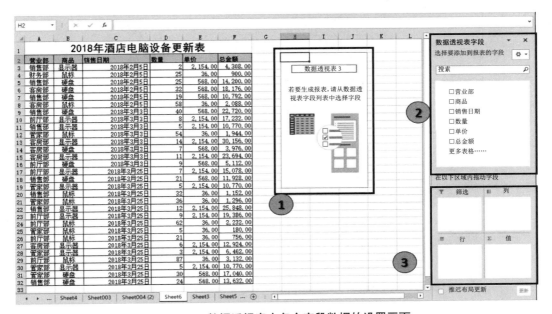

图 4-114　选择在 H2 单元格生成数据透视表

步骤 4：对数据透视表的各个字段进行设置。

图 4-115　数据透视表中各个字段数据的设置画面

步骤 5：我们要求的是各个部门本季度的设备耗费总额，所以我们应该把"营业部门"作为行字段，而把"商品""总金额"数据作为数据项。

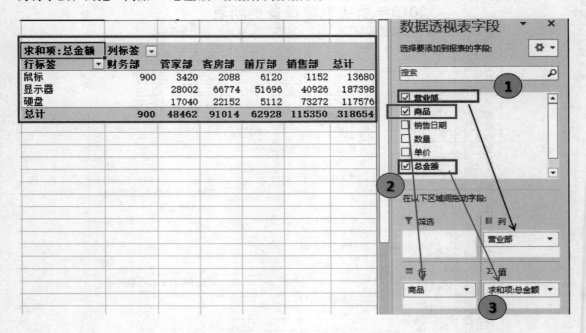

图 4-116   设置数据透视表的行与列字段

步骤 6：关闭数据透视表设置窗口、

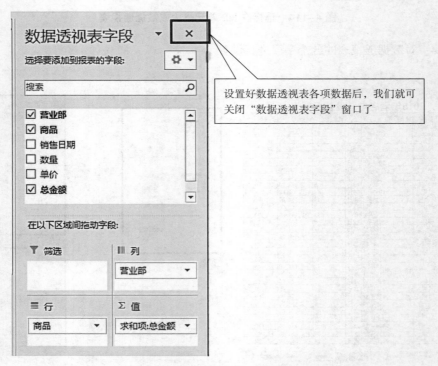

设置好数据透视表各项数据后，我们就可关闭"数据透视表字段"窗口了

图 4-117   关闭数据透视表设置窗口

步骤 7：完成后的效果

求和项:总金额	列标签					
行标签	财务部	管家部	客房部	前厅部	销售部	总计
鼠标	900	3420	2088	6120	1152	13680
显示器		28002	66774	51696	40926	187398
硬盘		17040	22152	5112	73272	117576
总计	**900**	**48462**	**91014**	**62928**	**115350**	**318654**

图 4–118　完成后的效果

求和项:总金额	列标签	
行标签	管家部	总计
鼠标	3420	3420
显示器	28002	28002
硬盘	17040	17040
总计	**48462**	**48462**

求和项:总金额	列标签	
行标签	前厅部	总计
鼠标	6120	6120
显示器	51696	51696
硬盘	5112	5112
总计	**62928**	**62928**

求和项:总金额	列标签				
行标签	管家部	客房部	前厅部	销售部	总计
显示器	28002	66774	51696	40926	187398
总计	**28002**	**66774**	**51696**	**40926**	**187398**

图 4–119　可以方便查询数据

任务检测

制作“××学院 2018 年学术成果统计表”数据透视表，以方便我们查询该学院各个职称段教师 2018 年发表的论文数量。

××学院2018学术成果统计表					
序号	单位	姓名	性别	职称	篇数
1	工学院	李书召	男	讲师	46
2	商学院	钟成梦	女	副教授	12
3	商学院	林永健	男	副教授	25
4	商学院	曾镜华	女	副教授	8
5	文学院	高婕	女	讲师	6
6	商学院	史善斌	男	副教授	11
7	文学院	何旭东	男	副教授	42
8	商学院	赵敏生	男	讲师	31
9	文学院	彭丹	女	副教授	16
10	工学院	吴燕芳	女	讲师	21
11	文学院	蓝静	女	教授	36
12	商学院	谢泳虹	女	讲师	8
13	工学院	黄少峰	男	副教授	6
14	理学院	陈永强	男	讲师	10
15	文学院	陈植	男	副教授	41
16	工学院	陈泉	女	副教授	55
17	文学院	肖毅	女	助教	14
18	商学院	苏海燕	女	副教授	64
19	商学院	苏颖颖	女	副教授	5
20	工学院	陈继栋	男	教授	2
21	文学院	余泽锋	男	教授	38
22	文学院	黄赐文	男	教授	17
23	理学院	王迪	女	副教授	3

第五章

PowerPoint2010 演示文稿软件

内容导读

在日常工作中，我们经常要制作一些图文并茂的会议、演讲、报告、新产品展示、风土人情介绍等讲稿，如果此时用 word 来制作，白纸黑字的讲稿会显得有些枯燥，而用演示文稿，则集文字、图形、声音、动画等多媒体对象于一体。

任务18 演示文稿的基本操作

学习目标

（1）掌握新建演示文稿的方法
（2）学会在演示文稿中输入文本、修改文稿和保存文稿
（3）学会应用与更改幻灯片的版式操作
（4）掌握幻灯片的插入、复制、移动和删除等操作方法

任务分析

　　酒店每年都会从一些职业院校招进实习生，此时，人事部就要用到 PowerPoint 演示文稿软件来制作"酒店新员工培训稿"。下面以制作培训大纲为例，讲解如何启动 PowerPoint 演示文稿软件、创建演示文稿文档、选择应用幻灯片版式、输入内容并保存文档。

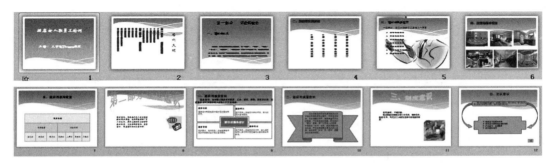

图 5-1 培训大纲图示

任务实施

一、启动 Powerpoint 软件并创建演示文稿

　　方法一：执行"开始""所有程序""Microsoft Office-PowerPoint 2010"命令，启动 PowerPoint 程序。启动程序的同时会自动创建一个新的演示文稿，默认名字为"演示文稿1"。

图 5-2 启动 PowerPoint 软件

方法二：如果在 PowerPoint 已经启动的情况下，可直接单击"文件"菜单中的"新建"按钮，然后在"可用的模板和主题"下选择"空白演示文稿"，同样也会创建一个新的演示文稿。

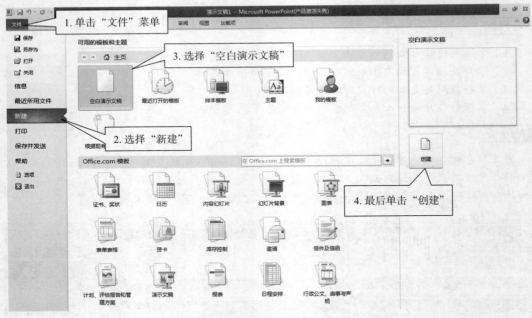

图 5-3　新建空白演示文稿

二、选择幻灯片版式

单击"开始"菜单，选择其下的"版式"选项。本例的第一张幻灯片是选择"office 主题"下面的"标题幻灯片"版式。

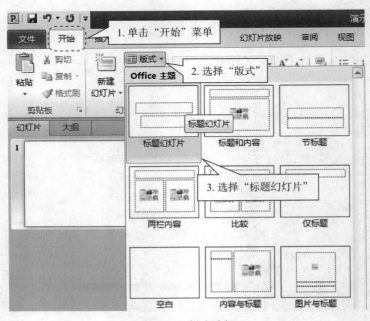

图 5-4　版式选择

三、输入文本内容（第一张幻灯片内容）

如果要输入标题或副标题一类的文本，直接单击屏幕中的"单击此处添加标题"或"单击此处添加副标题"，然后输入文本内容。

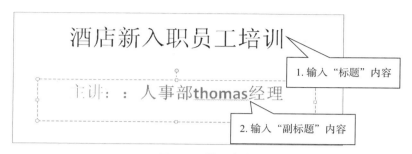

图 5-5　输入内容

四、插入一张新幻灯片，并制作"第二页：培训大纲"

（1）单击"开始"菜单下的"新建幻灯片"选项，然后选择"office 主题"下面的一种版式。例如：要制作第二张"培训大纲"幻灯片，可选择"垂直排列标题与文本"。

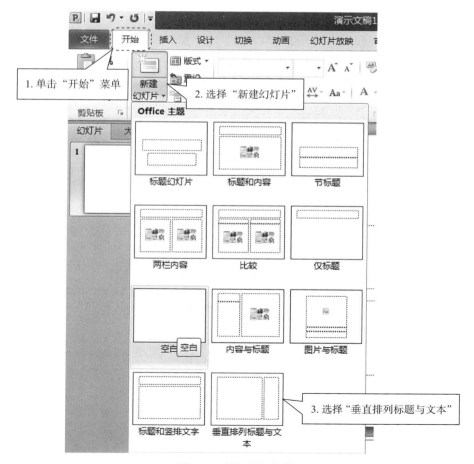

图 5-6　插入新幻灯片

（2）输入第二张幻灯片内容并照样式添加项目符号。

五、幻灯片的复制、移动和删除

（操作方法类似 word，在此略）

（1）在第一张幻灯片（酒店新入职员工培训）的前面插入一张新幻灯片，输入如图5-7所示内容。

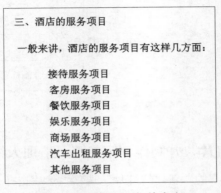

图5-7　插入新幻灯片内容

（2）在上面一张幻灯片后面再插入两张新幻灯片。

（3）将第一张幻灯片移动到第五张幻灯片后，使之成为新的第五张幻灯片。操作方法：直接将第一张幻灯片拖到第五张幻灯片的位置即可。

（4）将第一张第二张空白的幻灯片复制到第四张幻灯片后，最后再将第一张第二张幻灯片删除，完成以上操作后的演示文稿如图5-8所示。

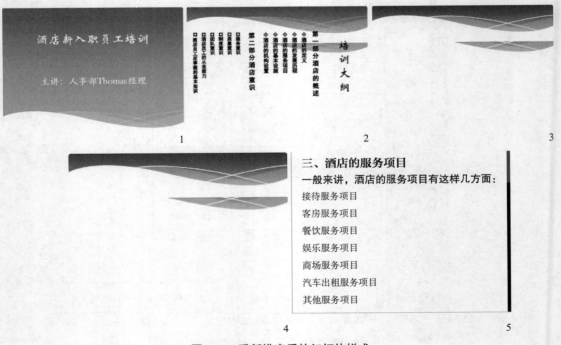

图5-8　重新排序后的幻灯片样式

六、保存演示文稿

单击"文件"菜单下的"保存"按钮，或者通过单击屏幕最左上方的"保存"按钮 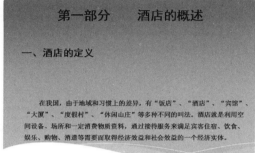 来保存文件。

任务检测

（1）在第三、四张幻灯片中输入下图内容文本，并设置成如下图所示样子。

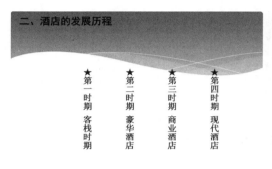

图 5-9 插入文本内容样式

（2）将第三张与第四张幻灯片互换位置（移动第三张幻灯片到第四张幻灯片后）。

（3）保存改动后的演示文稿。

任务 19 美化演示文稿

学习目标

（1）了解美化演示文稿的方法

（2）掌握字体、段落的设置方法

（3）掌握编号与项目符号的添加方法

（4）掌握幻灯片主题与版式的设计和应用

（5）掌握幻灯片背景的设计

任务分析

完成了培训大纲前四页内容的制作后，总感觉页面不够美，如5-10左图白底黑字而且字不够好看，有什么办法让页面及内容漂亮又好看，就像5-10右图那样呢？这就要用到演示文稿的美化页面。

例如：接着前面内容制作如图所示的两张幻灯片。

首先，可通过设计幻灯片模板来美化页面；其次，是通过设置"字体"来美化文本内容（包括字体、字号、字形、字间距、颜色等的设置）；第三，是通过设置"段落"来美化页面（包括对齐方式、缩进、行距、段距）；最后，是添加项目符号和编号及设置背景来美化页面。

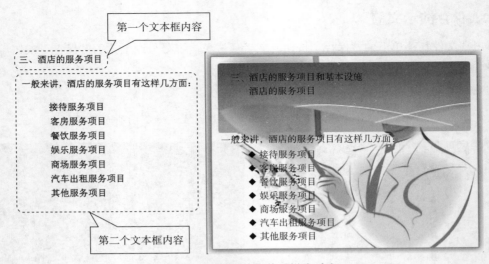

图 5-10   页面美化前后样式对比

任务实施

一、设置幻灯片的主题模板

方法一：选择 PowerPoint 窗口左侧的"幻灯片 1"，再单击"设计"菜单，选择"主题"工具组中的一种（例如：本培训稿应用了"波形"），就可将所选主题样式应用到所有幻灯片。

提示：如果要将所选择的主题只应用到当前幻灯片，只要用鼠标右键单击所选的主题样式，选择下拉菜单中的"应用于所选幻灯片"即可。

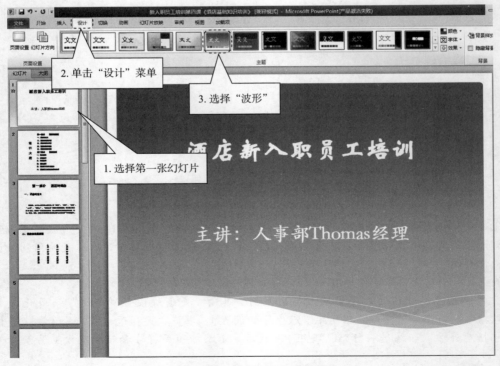

图 5-11   设置幻灯片的主题模板

方法二：单击"文件"菜单，新建一个演示文稿，PowerPoint 窗口的右侧会出现一个"可用的模板和主题"任务窗格，如果选择了"主题"，则会出现主题样式如图 5–13 所示的界面，此时选择所需主题样式即可。本题选择的是"波形"。

图 5–12　选择"主题"模板

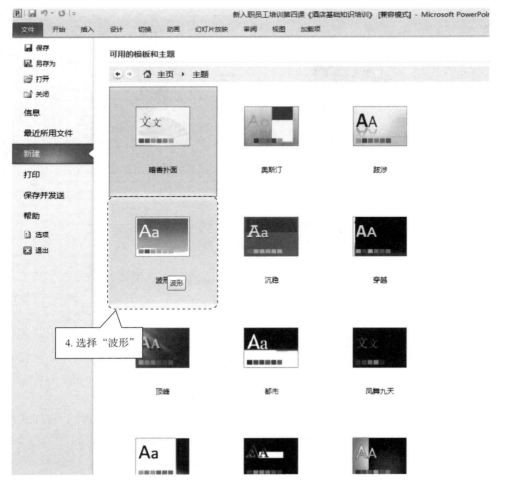

图 5–13　设置幻灯片的主题

二、设置"字体"与"段落"

首先选择文本内容或文本框，然后进入"开始"菜单下面的"字体"选项来进行文字的字体、字号、颜色等操作设置。

例如上面例题操作要求如下：第一个文本框"三、酒店的服务项目"字体为黑体、字号为28磅，加粗，颜色为黑色，字符间距为加宽3磅。第二个文本框中的起始段"一般来讲，酒店的服务项目有这样几方面："字体为黑体、字号为24磅、颜色为黑色；下面的具体服务项目内容字体为宋体、字号为20磅、加粗，颜色为黑色，行距为1.5。

三、添加项目符号和编号

上面例题（第五张幻灯片）中为服务项目添加了一种"◆"项目符号，操作方法如图5-14所示。

如果要给文本内容添加编号，方法是单击"段落"工具中的编号按钮"⚏"，可为选中的内容添加编号。

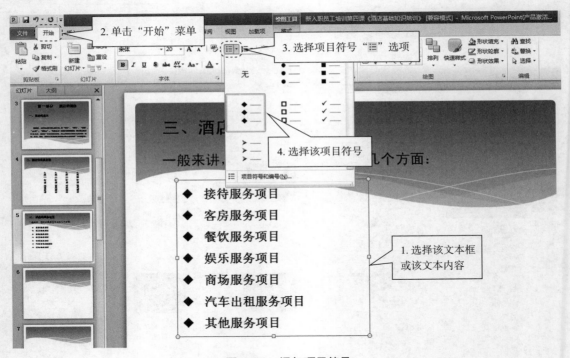

图5-14　添加项目符号

四、设置幻灯片背景

1. 添加背景样式

（本题应用了背景样式1且应用到所有幻灯片）

选中第五张幻灯片，然后单击"设计"选项卡，选择右边的"背景样式"，在样式列表中再选择一种样式（例如：样式1），则所选择背景样式应用于全部幻灯片。

图 5-15　添加幻灯片背景

　　若背景只应用于所选中的幻灯片，则在选择了背景样式（如样式 1）后，必须用鼠标右键单击所需样式，在下拉列表中选择"应用于所选幻灯片"命令。

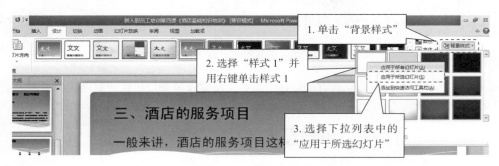

图 5-16　选择应用范围

2.设置背景格式

（本题是用图片作背景）

　　选中第五张幻灯片（三、酒店的服务项目），然后单击"设计"菜单，选择右边的"背景样式"，在出现的下拉菜单中选择"设置背景格式"，弹出"设置背景格式"对话框，选择"填充"项下的"图片或纹理填充"选项，单击"剪贴板"，弹出"选择图片"对话框，选择所需图片，单击"确定"，即可设置幻灯片的背景格式。

图 5-17　选择背景样式

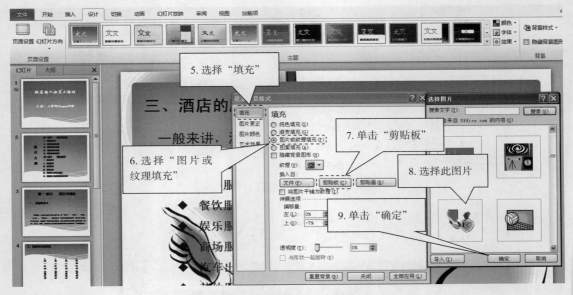

图 5-18　设置幻灯片背景格式

如果要将所选的图片应用到所有幻灯片中，则应在"设置背景格式"对话框中单击"全部应用"。如果只需将选中的图片应用到所选择的该幻灯片中作背景，则直接单击"关闭"选项即可。

图 5-19　背景格式应用范围设置

任务检测一

（1）将第一张幻灯片的标题设置为：字体"华文新魏"，字号"48号"，加粗，颜色为"白色"。

（2）给第二张幻灯片的内容加上编号。

（3）为第四张幻灯片添加项目符号"★"，并保存文档。

任务检测二

（1）新建一个演示文稿，在第一张幻灯片后插入一张幻灯片，版式设置为：标题竖排文字，用主题设计中的"暗香扑面"来修饰全文。

（2）将第二张幻灯片的背景样式设置为："样式6"效果，输入标题"第二张幻灯片"，并将"第二张幻灯片"文字加红色的粗下划线，倾斜，效果如图所示。

1　　　　　　　　　　　　2　　　　　　　　　　　　3

（3）在第二张幻灯片后插入第三张幻灯片，并将第三张幻灯片的背景格式设置为"纹理填充效果"中的"水滴"效果。

（4）最后将演示文稿以"任务检测二"为名保存。

知识链接

（1）可用"背景样式"下的"设置背景格式"进行个性化背景设置。

（2）利用"项目符号和编号"对话框时，既可根据需要重新设置项目符号的形状、颜色、大小等，也可将系统自带的图片或外部图片设置为项目符号。

任务20　在演示文稿中插入各种对象

学习目标

（1）掌握在幻灯片中插入艺术字、剪贴画、各种自选图形、组织结构图等内置对象的方法，并设置各对象的格式及效果

（2）能在幻灯片中建立表格与图表并设置其格式

（3）能在幻灯片中创建动作按钮，设置幻灯片动画方案和超链

（4）会在备注区插入备注内容并编辑

（5）了解在幻灯片中插入影片、声音、动画等外部对象的方法

任务分析

在演示文稿制作软件 PowerPoint 中可以插入各种图形、图像来增强幻灯片的视觉、听觉效果和感染力。例如，要制作如下三张幻灯片，首先得在幻灯片中插入各种对象。

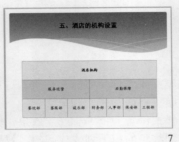

6　　　　　　　　　7　　　　　　　　　8

我们针对上面三张幻灯片来进行具体分析：

（1）看图片的来源。PowerPoint软件本身自带了一些图，如剪贴画、各种自选图形等，但本例中第6张幻灯片中的图均来自外部，都是酒店设施图。插入图片后，可根据需要调整图片格式。

（2）看图形的形状。第7张幻灯片中的"酒店的机构设置"是一个表格，可从"插入"菜单下的"表格"选项来操作。插入表格后还得根据需要调整表格及格式。

（3）第8张幻灯片的标题字体有一种特殊效果，可通过插入艺术字并进行编辑和格式调整。

任务实施

一、插入幻灯片及图片

打开任务19中制作的演示文稿并在第五张幻灯片后插入三张新张幻灯片，输入每张的标题文本内容，将第八张幻灯片版式设置为"内容与标题"；选中第6张幻灯片（四、酒店的基本设施），单击"插入"菜单下的"图片"选项，打开"插入图片"对话框，选择教材配套素材库"PPT素材"文件夹下"酒店设备"子文件夹中的"餐厅设备、客房、客房设备、会议设备、健身设备、室内游泳池"6张图，单击"插入"按钮即可。

图5-20　在幻灯片中插入图片

二、调整图片格式

当插入图片后，这时，面板选项中会自动出现"图片工具"的"格式"选项卡，该选项卡有"更正""颜色""图片样式"等功能组。根据本题要求，对图片样式进行更换，所以选择"图片样式"中的"柔化边缘矩形"，接着对图片进行"裁剪"，调整高度为6厘米、宽度为8厘米，并移动图片到合适的位置。

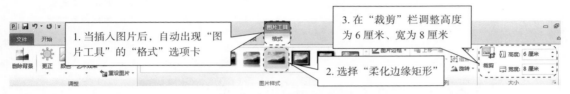

图 5-21　调整图片格式

三、插入表格并设置表格格式

（1）插入表格。选中第7张幻灯片"五、酒店的机构设置"，在标题下面插入表格。操作方法：单击"插入"菜单，选择"表格"，插入一张 3×3 的表格。

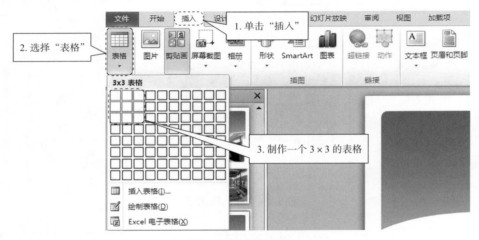

图 5-22　插入表格

（2）调整表格并设置表格格式。完成插入表格操作后，选中表格，单击"设计"，选择"中度样式4-强调2"，将"表格样式"设置为"中度样式4-强调2"。设置表格行高为3厘米，表格中所有单元格的文本垂直居中。先选中表格中的所有数据内容，单击"布局"菜单，在"单元格大小"的高度栏输入3厘米，单击对齐方式中的"垂直居中"即可。

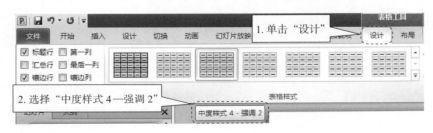

（1）

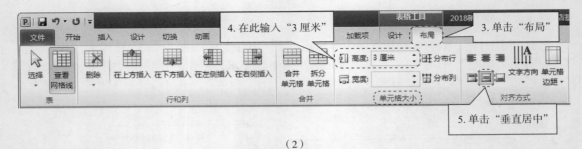

（2）

图 5-23　设置表格格式

四、插入艺术字并设置文字效果和宽度、高度

（1）在第 8 张幻灯片中插入艺术字并设置样式和形状。单击"插入"菜单，选择其下的"艺术字"，弹出"艺术字样式"下拉菜单，选择符合要求的一种，然后输入文字，选择所输入的文字，然后单击"文本效果"，选择下拉列表中"转换"项下的"桥形"效果。

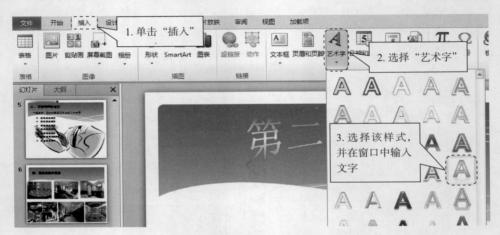

图 5-24　插入艺术字

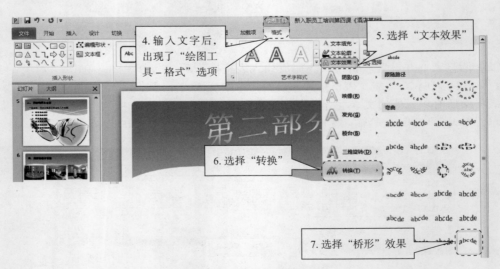

图 5-25　设置艺术字效果

（2）设置艺术字的宽度（22厘米）和高度（6厘米）。操作方法是：选中艺术字，单击"绘图工具—格式"菜单，在右边的高度、宽度栏中输入相应的值。

图 5-26　设置艺术字的宽度、高度

五、插入剪贴画

在第 8 张幻灯片右侧内容区域插入有关旅行的剪贴画。操作方法：单击"插入"菜单，选择其下的"剪贴画"，弹出"剪贴画"下拉列表，在搜索文字处输入"旅行"字样，单击"搜索"，插入符合要求的图片。

图 5-27　插入剪贴画

六、设置剪贴画或图片格式

将第八张幻灯片的图片设置为：水平位置 19 厘米，度量依据为左上角；垂直位置 9 厘米，度量依据为左上角。

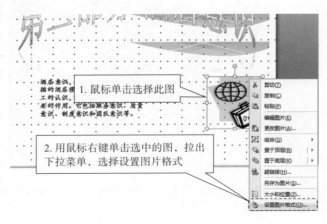

（1）　　　·

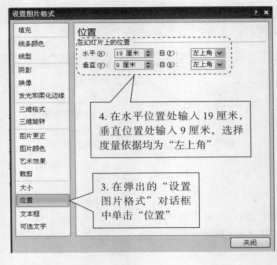

（2）

图 5-28　设置剪贴画或图片格式

七、插入备注

　　幻灯片备注就是用来对幻灯片中的内容进行解释、说明或补充的文字性材料，便于演讲者讲演或进行修改。有一些演讲内容没有放到 PPT 幻灯片中，但是演讲的时候需要查看，如果切换来切换去就会影响演讲效果。

　　下面为上一任务模块演示文稿中的第一张幻灯片添加备注，内容为：喜来登全球连锁店培训部。

　　方法一：打开演示文稿，在普通视图下选择第一张幻灯片，在视图正下方有一个"单击此处添加备注"栏，即备注栏，点击一下，在里面输入想要添加的备注内容（喜来登全球连锁店培训部）。

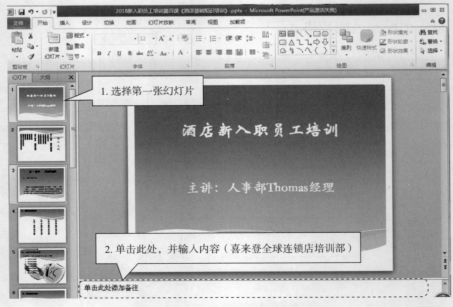

图 5-29　插入备注内容（方法一）

　　如果在幻灯片视图下方看不到备注栏，就将鼠标移到视图下方的分割线上，按住鼠标不放，往上拖动鼠标，备注栏就会显示出来了。

　　方法二：选择要添加备注的幻灯片，点击"视图"项下"备注页"，在跳转的备注页方框里输入想要添加的备注，写完之后，点击空白处即可。

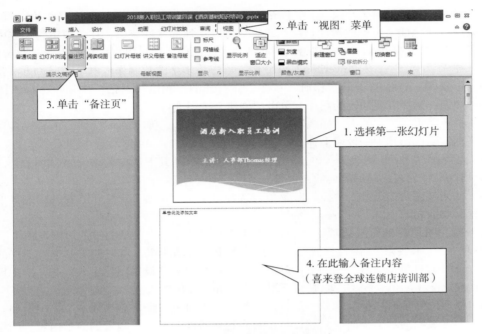

图 5-30　插入备注内容（方法二）

任务检测

　　（1）按样式制作如下图所示的第 9、10、11、12 四张幻灯片。

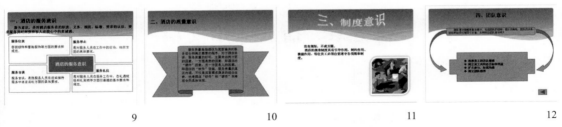

　　（2）将第 11 张幻灯片的主标题设置为艺术字效果（艺术字库中的第二行第二种）。艺术字的文本效果为：转换—槽形，设置艺术字的大小为：高度 3 厘米、宽度 13 厘米。

　　（3）在第 11 张幻灯片右下角插入一张如样图所示的剪贴画，并设置剪贴画的格式如下：高度、宽度都为 7 厘米，锁定纵横比，图片样式为"圆形对角—白色"。

　　（4）为第 12 张幻灯片插入一个"◁"的动作按钮，并建立超链接，让它链接到第一张幻灯片。

　　（5）在第 12 张幻灯片备注区输入"服务质量是酒店的灵魂"。

（1）SmartArt 图形类似于组织结构图，主要用来说明一些层次关系、循环过程、操作流程、关系结构等。SmartArt 图形有"列表""流程""循环""层次结构""关系""矩阵""棱锥图""图片"等多种类型。

（2）插入"视频"和"音频"。在 PowerPoint 2010 中，可以通过"插入"选项卡中的"媒体"功能组方便地插入声音或影片。声音或影片可以从外部文件获取，在"剪辑管理器中的声音（或影片）"中也有 PowerPoint 自带的声音或影片。此外，还可以直接录制声音并插入。

（3）插入"相册"。在 PowerPoint 2010 中，可以将多个图片制作成电子相册。方法是：单击"插入"菜单，选择其下的"相册"按钮，在打开的"相册"对话框中单击"插入图片来自"下的按钮，选择需要插入的图片，单击"创建"按钮即可。

（4）插入"形状"。单击"插入"菜单，选择"形状"，弹出的下拉列表中有许多自选图形，可根据需要选择其中一种或多种。

（5）插入"表格""图表"。单击"插入"菜单，选择其下的"表格"或"图表"，打开"插入表格"下拉列表，根据需要插入表格。

（6）插入"图表"。单击"插入"菜单，选择其下的"图表"，打开"插入图表"下拉列表，根据需要插入图表。

（7）插入图片后，面板选项中会自动出现"图片工具"中的"格式"，该选项卡有"更正""颜色""艺术效果""图片样式""裁剪""大小"等功能组，可根据需要进行图片的个性化设置。还可通过单击"裁剪"的下拉列表按钮，在弹出的"设置图片格式"对话框中设置图片的"填充、线条颜色、线型、阴影、三维格式"等个性化格式。

（8）播放幻灯片时如何显示备注信息。作为一个演讲者，经常会在演示文稿中添加一些备注信息，而在放映演示文稿时，只想让自己看到这些备注，观众只能看到演示内容。操作方法如下：第一，将自己的计算机连接到多个监视器上，并在控制面板中"扩展这些显示"，单击"确定"按钮关闭控制面板，并保留更改。第二，在 PowerPoint 2010 演示文稿中切换到"幻灯片放映"选项卡，并在"监视器"选项组中选中"使用演示者视图"复选框，在"显示位置"下拉列表框中选择"监视器 2"。

任务 21　播 放 演 示 文 稿

学习目标

（1）了解播放演示文稿的各项设置
（2）掌握演示文稿中幻灯片间的切换方式
（3）掌握幻灯片中各对象的动画效果设置
（4）为幻灯片设置超链接和动作按钮
（5）学会幻灯片放映和为幻灯片打包
（6）掌握幻灯片母版的使用方法

任务分析

为了提高幻灯片播放时的艺术性和观赏性，我们需要学会设置幻灯片的切换效果、各对象间出来时的动画效果以及各对象出来的先后顺序。

（1）要使幻灯片有各种漂亮的切换效果，首先要为演示文稿进行幻灯片的切换设置。

（2）要使幻灯片中各对象不同时出现，应对幻灯片的各对象进行动画设置。

（3）要实现跳转播放效果，应对幻灯片中的对象设置超链接和动作按钮。一般情况下，放映幻灯片时都是按顺序进行的，但有时，我们希望幻灯片在放映时实现跳转，这时就可利用 PowerPoint 中的超链接或动作按钮来实现。

（4）为幻灯片打包的目的是保证演示文稿在任何一台没有安装 PowerPoint 2010 的电脑上都能顺利播放。

任务实施

本任务模块主要是对上一任务模块中建立的"酒店新员工培训演示文稿"进行一些动画设置、超链接设置等，学会 PowerPoint 演示文稿中幻灯片间的切换方式，为幻灯片中的各个对象进行动画设置、超链接和动作按钮的设置，播放幻灯片并为幻灯片打包。

一、设置幻灯片切换方式

把第 1 张幻灯片的切换方式设置为"擦除—从右上部"。

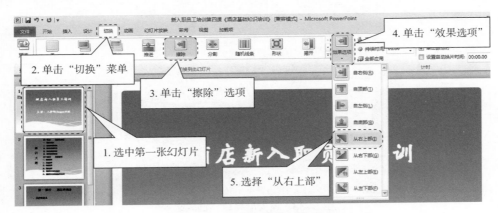

图 5-31　设置幻灯片切换方式

二、设置标准动画效果

给幻灯片中的对象设置动画效果。动画效果有标准方式和自定义方式两种。

将第 1 张幻灯片的标题"酒店新入职员工培训"的动画效果设置为"单击时自左侧按字 / 词中速飞入"且有风铃声。

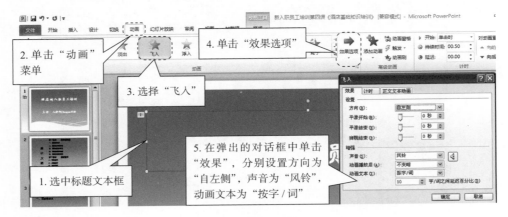

（1）

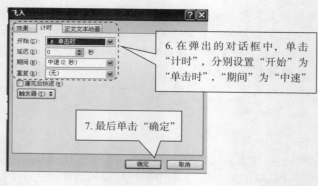

（2）

图 5-32　设置标题动画效果

将副标题设置为在上一动画之后向上浮入，效果为"上浮"。

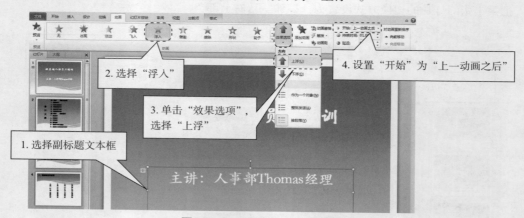

图 5-33　设置副标题动画效果

三、建立超链接

给第 2 张幻灯片"培训内容"的两大项"第一部分……"文本设置超链接，链接到第 3 张幻灯片。

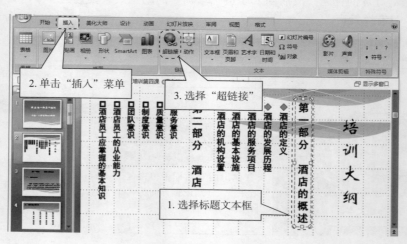

（1）

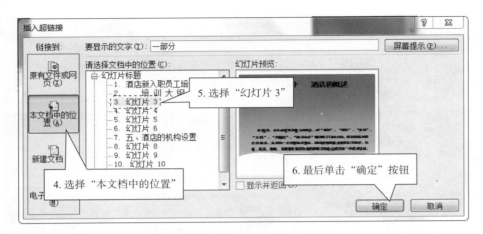

（2）

图 5-34 建立超链接

四、设置幻灯片的放映方式

设置幻灯片的放映方式为"全部幻灯片""在展台浏览（全屏幕）"。

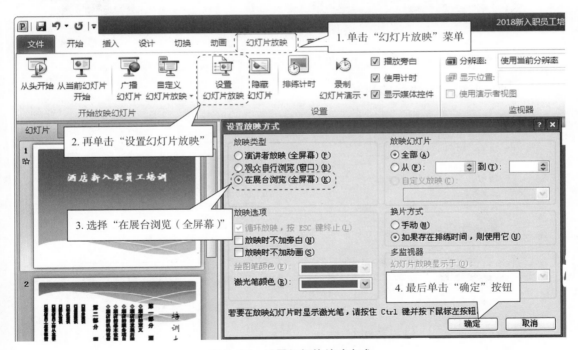

图 5-35 设置幻灯片放映方式

五、设置母版

用母版方式给所有幻灯片的右下角插入"通讯"类中包含"communications"关键字的剪贴画。

图 5-36 设置母版

提示：操作完此题后，所有幻灯片的右下角都会显示此图。

六、将制作的演示文稿打包

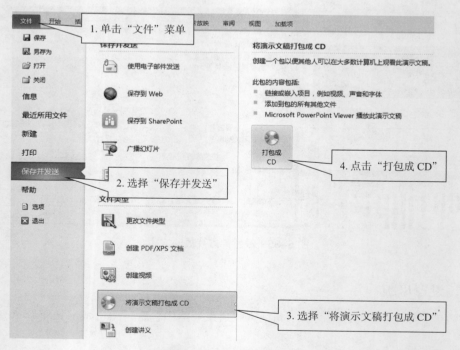

图 5-37 演示文稿打包

任务检测

（1）将第一张幻灯片的切换效果设置为："水平百叶窗"效果，且在上一张幻灯片后 8 秒自动切换，有风铃声。将其他幻灯片设置成自己喜欢的切换方式。

（2）设置自定义动画效果。选中第二张幻灯片，选取文本内容，设置动画效果为"盒状，单击时放大中速进入"。为其他幻灯片中的各个对象设置合适的动画效果。

（3）给第二张幻灯片中的"第二部分……"文本设置超链接，链接到第八张幻灯片，为最后一张幻灯片中的"◁"添加超链接，使其返回到第一张幻灯片。

知识链接

（1）切换效果。切换效果有淡出和溶解、擦除、推进和覆盖、条纹和横纹、随机等大类，每一大类中又有平滑演出、向下擦除等各种效果。

（2）动画效果。幻灯片中的对象除了能设置"开始""方向""速度"的标准效果外，还可以通过"添加效果"灵活设置对象"进入""强调""退出""动作路径"的各种动画效果。可以为一个对象设置多个动画效果，也可以为多个对象同时添加相同的动画效果。选中任意一张幻灯片，单击"幻灯片放映"→"开始放映幻灯片"→"从头开始"按钮，就可以从第一张幻灯片开始播放。

（3）自定义动画效果。选择"其他效果"命令，可选择更多的动画效果。

（4）"动作设置"对话框。通过"动作设置"对话框，可以给幻灯片对象设置各类动作，如用鼠标单击对象或将鼠标移动到对象上，可以超链接到指定幻灯片、播放声音、运行程序等。超链接设置是最常用的动作设置方式，通常通过对项目符号、表格、按钮、图片等进行超链接设置来实现灵活的幻灯片导航。

（5）放映幻灯片：

· 从第一张幻灯片开始放映可直接按"F5"键。

· 从当前幻灯片开始放映可单击"视图"栏中的"幻灯片放映"按钮。

· 在幻灯片放映时，可以单击右键，在弹出的快捷菜单中选择"控制"命令，如选择"指针选项"→"荧光笔"命令，可在演示文稿上做标记和书写。

· 幻灯片的放映设置及相关功能：对于不同的场合，可以设置不同的幻灯片放映方式，以达到最佳的放映效果。单击"幻灯片放映"→"设置"→"设置幻灯片放映"按钮，出现"设置放映方式"对话框。放映方式主要有放映类型、放映选项、放映幻灯片、换片方式等选项。放映类型有演讲者放映、观众自行浏览、在展台浏览等。

· 与幻灯片播放相关的两个实用功能是录制旁白和排练计时：利用录制旁白可以为幻灯片录制解说声音；利用排练计时，可以记录幻灯片的手工播放过程，再根据排练过程自动播放，可以统计出放映整个演示文稿和放映每张幻灯片所需的时间。

（6）打印幻灯片。制作完成演示文稿后，可以将其打印出来，以便在演讲时随时浏览。具体操作方法为：单击"Office 按钮""打印"命令，出现"打印"对话框。可以选择打印幻灯片或讲义，单击"确定"按钮进行打印。

（7）自定义效果选项。在"自定义动画"窗格中，单击某个自定义动画右侧的下拉按钮，从中选择"效果选项"，可以打开与当前动画关联的效果设置对话框，用于设置动画效果，如让声音在连续的几张幻灯片中播放、让过渡效果重复多次等。

第六章

Internet 基础应用

内容导读

    Internet 是全世界最大的、完全开放的计算机网络，它集现代通信技术和计算机技术于一体，在计算机之间实现了国际信息交流和共享。了解 Internet 相关知识，掌握 Internet 上网技巧，使用 Internet 资源是当代人必须掌握的知识。

    通过本章的学习，我们可以更好更快地掌握 Internet 的使用方法和技巧。

任务 22　获取网络信息

（1）通过 IE 浏览器来浏览网页
（2）掌握收藏夹的使用方法
（3）熟悉 IE 浏览器选项的各项设置作用
（4）掌握 Internet 的信息搜索方法
（5）掌握信息的收藏方法

任务分析

网页浏览器是显示网页服务器或档案系统内的文件，是用户漫游 Internet 必不可少的客户端工具。要想在信息的海洋中畅游无阻，就必须掌握浏览器的使用和设置方法。

任务实施

一、浏览器的基本使用

（1）使用 IE11 浏览网页。以浏览"腾讯网"为例，其步骤如下：双击桌面图标 ，打开 IE 默认窗口，在地址栏中输入网址 www.qq.com。

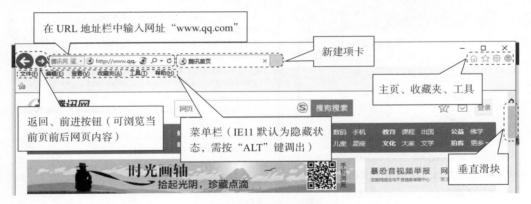

图 6-1　腾讯网首页

（2）调出菜单栏。为了使整个网页浏览界面更加精简，在推出"IE8"浏览器以后，在默认状态下，IE 浏览器的"菜单栏"和"状态栏"均为隐藏状态。可以通过单击键盘上的"Alt"键，通过"查看""工具栏"，勾选菜单栏调出"菜单栏"和"状态栏"。

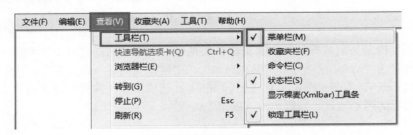

图 6-2　调出 IE 浏览器菜单栏

（3）把站点添加到收藏夹。我们在网上冲浪时，常常会在无意中发现一些对学习和工作有帮助的站点，这时，就可以通过"收藏夹"命令收藏这些站点。我们可以单击"收藏夹"菜单列表直接打开相应网页。下面以添加"腾讯网"为例：打开腾讯网首页，单击"收藏夹"按钮，添加到收藏夹，单击"添加"按钮。

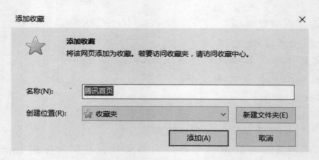

图 6-3　添加"腾讯网"到收藏夹

（4）收藏夹的整理。当收藏夹中的网页过多时，记得整理收藏夹。其步骤为：先后点击"收藏夹""整理收藏夹"选项，通过"整理收藏夹"对话框中的"新建文件夹""移动""重命名""删除"等命令，可以把收藏夹整理得有条有序。

图 6-4　整理收藏夹

（5）将网页设置为浏览器首页。浏览器首页是指每次启动浏览器时出现的第一个网页。IE浏览器默认首页为"MSN 首页"或"微软首页"。如何将其他站点设置为首页呢？以"网址之家 www.hao123.com"为例，单击工具按钮 ⚙ Internet 选项，在"常规"菜单的"主页"文本框中输入需要设置的网页地址，最后单击"确定"按钮。

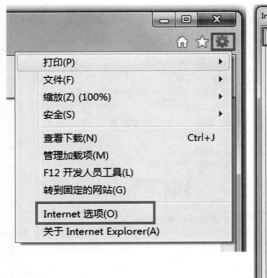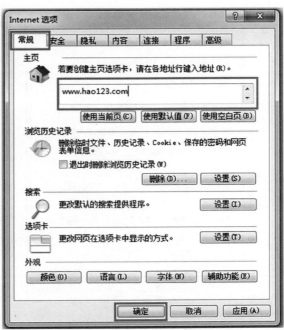

图 6-5　设置"www.hao123.com"为主页

（6）Internet 选项。Internet 选项是用户 IE 上网的个性化设置，以便打造不同的网络体验。用户在使用 IE 的过程中会碰到许多问题，这些问题很多是因 Internet 选项设置不正确造成的，掌握 Internet 选项设置可以使上网更加得心应手。

表 6-1　Internet 常用选项

序号	选项名称	功能描述
①	浏览历史记录	可删除浏览网页所产生的 Internet 临时文件、cookie、访问网页列表、保存的个人网页表格信息、密码等。更改 Internet 临时文件路径和设置临时文件夹大小
②	搜索	可直接在地址栏中输入要查找的内容。此项可更改默认搜索引擎站点
③	选项卡	更改选项卡的设置属性，如弹出窗口的方式等
④	外观	可更改浏览器的外观颜色、显示语言、网页显示字体、网页格式化等
⑤	更改安全设置	添加或删除受信任站点和受限制站点
⑥	区域安全级别设置	更改 IE 允许该区域的安全级别。家庭版及专业版 Internet 区域的默认级别为"中—高"
⑦	拨号和 VPN 设置	添加宽带拨号连接或 VPN（虚拟专用网络）
⑧	局域网设置	设置代理服务器
⑨	高级设置	设置浏览器的安全、多媒体、辅助功能、浏览等选项，普通用户尽量使用默认设置

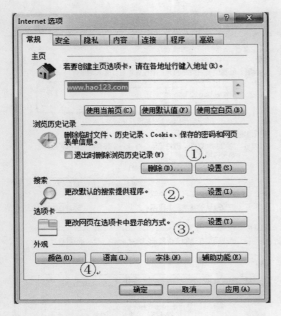
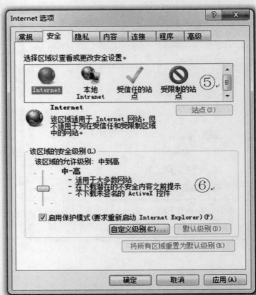

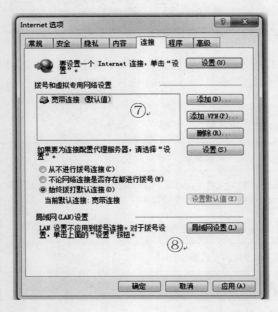
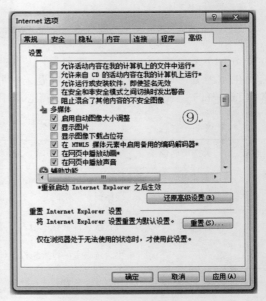

图 6-6   Internet 常用选项对应图示

二、搜索信息

搜索引擎（Search Engine）是信息查找发动机，它以一定的周期方式在 Internet 中收集新的信息，并对其进行提取、组织、处理和存储。

Internet 上有许多站点提供搜索引擎，如著名的百度、Bing、Google、搜搜（SOSO）、雅虎（Yahoo）等，大型搜索引擎站点不只提供文本信息的搜索，还提供包括社区、MP3、图片、视频、地图等的搜索，甚至还结合终端设备来定位用户所在点。

在"百度"中搜索"博鳌亚洲论坛"。其步骤如下：在 IE 地址栏中输入 www.baidu.com，在出现的"百度"主页搜索文本栏中输入"博鳌亚洲论坛"，单击"百度一下"按钮，就能找到许多与"博鳌亚洲论坛"有关的网页链接，如果要想进行细化搜索，可通过逻辑命令"AND""OR""NOT"来进行。

图 6-7　信息搜索

三、信息收藏

（1）保存网页。以保存腾讯主页为例，其步骤如下：打开腾讯主页，选择"文件"菜单，在下拉菜单中单击"另存为"，完成保存。

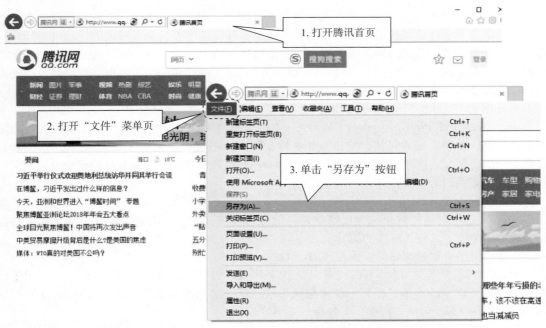

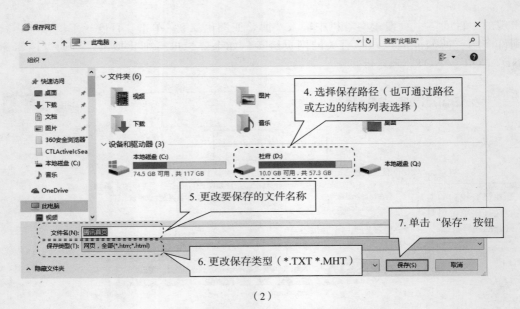

（2）

图 6-8　保存网页

（2）保存图片。将鼠标移到需要保存的图片处，右击鼠标选择"图片另存为"命令，根据提示把图片保存到指定的文件夹中。

（3）保存文字信息。用鼠标选取网页中需要保存的文字内容，右击鼠标，在弹出的快捷菜单中单击"复制"命令，再打开文字处理软件（word、记事本、文本文档等），单击"粘贴"命令，即可将选中的文字复制到文字处理软件中。

知识链接

1. Internet 简介

Internet，中文名称为"因特网"或"国际互联网"，是一组全球信息资源的共享集合，它是通过通信技术和计算机技术，将分布在世界各地的计算机连接起来而形成的计算机与计算机之间的一条条通路。各式各样的信息在这一条条信息通路上高速飞奔，用户只要把自己的计算机连接到与 Internet 互联的任何一个网络，或与 Internet 上的任何一台服务器连接，就可以进入 Internet 的世界。

Internet 始于 20 世纪 60 年代，是美国和苏联冷战的产物，是美国国防部高级研究计划署（Advanced Research Projects Agency，ARPA）主持研制的 ARPANET。最初，ARPANET 主要用于军事研究，但是，随着科技、文化和经济的发展，Internet 的应用从军事领域向教育、商用、文化、政治、新闻、体育等领域发展。总之，Internet 是我们今后生存和发展的基础设施，它正在直接影响着我们的生活方式。

2. Internet 服务和应用

Internet 是一套通过网络来完成通信任务的应用程序，人们利用它实现了全球范围内的搜索、通信、浏览、文件传输等功能。

3. 搜索引擎中常用的逻辑检索是 AND、OR、NOT

AND，表示逻辑"与"，有的搜索引擎也常用"&""+""，"和空格来表示。AND 用于检索两个以上关键词的情形，检索的结果应该与这几个关键词都有关系。如"博鳌 AND 亚洲论坛"，就表示检索既包括"博鳌"又包括"亚洲论坛"。

OR，表示逻辑"或"，有的搜索引擎用"|"来表示。检索的结果只要求与若干个关键词中

的一个有关系即可，如"美食 OR 湘菜"，就表示检索的结果可以包括"美食"，也可以包括"湘菜"。

NOT，表示逻辑"非"，有的搜索引擎用"！"表示。NOT 检索的结果将完全排除与 NOT 后面的关键词有关的信息，如"水果 NOT 苹果"，就表示检索的结果可以包括水果但不能有苹果。

与您分享

常用浏览器对比

浏览器是浏览网页的一艘帆船，载着我们在 Internet 的信息海洋中航行。

想要望得更远、走得更快，就要选择适合自己使用习惯的浏览器，浏览器的优与劣要从网页浏览速度、兼容性、安全性、资源占用率、容量大小、扩展性、易用性、云服务等方面进行对比参考。常用的浏览器有 IE 系列、Firefox、Chrome、Opera、Safari。

IE 浏览器的衍生浏览器比较多，它们以 IE 为内核，然后经过优化外观，增强了部分功能。常见的 IE 浏览器有 360 浏览器、世界之窗、傲游浏览器、TT 浏览器等。以下是当前主流浏览器对比表。

表 6-2　主流浏览器对比表

浏览器	图标	优点	缺点	总结
IE 系列		IE 为微软操作系统自带的浏览器，易用性强、安全性较高，是目前兼容性及占有率最高的浏览器	浏览网页速度一般、容量大、资源占用率高、扩展性低、无云服务	是 windows 系统中不可缺少的一部分，虽然各方面都不突出，但兼容性是目前所有浏览器中最好的
Firefox		由 Mozilla 开发的浏览器，丰富多彩的插件（Add-on）是该软件的最大特色，浏览速度快、扩展性强、资源占用率低	默认设置下功能过少，普通用户不易使用	在扩张性能上是目前最好的浏览器。如同一部改装车，改得好，马力强、跑得快；反之，会很慢
Chrome		谷歌公司推出的一款浏览器，其最突出的特点是流量网页速度快，书签及扩展应用较强	兼容性较差、资源占用率过高	在低网速下流量网页速度较有优势
Safari		苹果公司（Apple）推出的浏览器，起初只有 MAC 版本，在 2007 年发布了 Windows 版本	兼容性过差、浏览速度慢、资源占用率高	非 MAC 系统不建议使用
Opera		由挪威欧普拉软件公司推出，浏览速度快，插件丰富、小巧	兼容性差、插件需到"My Opera"社区下载，普通用户不易使用	外观精致、优势不明显
IE 衍生浏览器		具备了 IE 的所有特点，外观华丽、有云服务，加入了大量符合中国用户使用习惯的功能	品种过多，特色不鲜明，用户选择困难	适合普通用户使用

任务检测

（1）通过 IE 浏览器访问 QQ 网页，浏览自己感兴趣的资讯。

（2）要求把新浪、搜狐、网易、腾讯、网址之家及自己喜欢的网站地址保存进收藏夹并进行分类整理。

（3）设置网址之家（www.hao123.com）为浏览器主页。

（4）通过网页搜索，找出三部不同型号的手机特点。

（5）保存太平洋电脑网（www.pconline.com.cn）首页到桌面。

任务 **23**　信息交流

学习目标

（1）掌握免费电子邮箱的申请方法

（2）学会用 Microsoft Outlook 收发邮件

任务分析

　　单一的电话语音沟通交流已经无法满足信息化时代人们沟通交流的需求。与语音交流不同，网络信息交流具备快速、方便、节省等诸多优点，通过网络，人们不仅可以索取信息资源，还可以交流和互动。使用电子邮件（E-mail）和即时通信软件，可以让人们足不出户就可以获取丰富的信息资源。

任务实施

一、申请使用免费电子邮箱

　　（1）申请注册免费邮箱。以申请网易 www.126.com 为例，其步骤如下：启动 IE11 浏览器，在地址栏中输入 www.126.com，在首页单击右下角的"注册"按键。

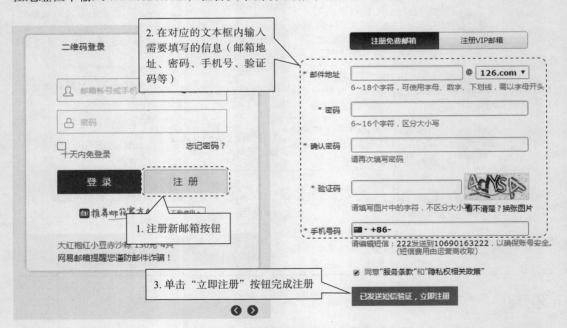

图 6-9　申请注册"网易"免费邮箱

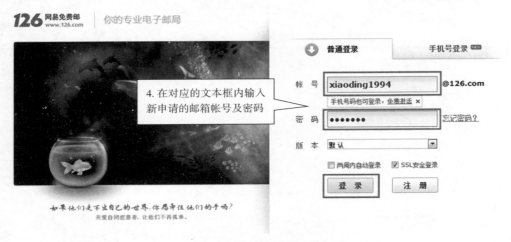

图 6-10 登录免费邮箱

（2）在输入框中填入自己申请的邮箱地址、密码、手机号码、验证码，单击"立即注册"。网易检测该用户名是否被注册过，如果邮件地址项右边提示"恭喜，该邮件地址可注册"字样，则"用户名 @126.com"将成为你的新邮箱地址。（* 图标说明该项为必填）。

（3）返回或重新登录 www.126.com 主页，并在帐号内输入新邮箱账号和密码等信息。

（4）"收件箱"存放用户收到的电子邮件，打开后可以查看或回复邮件。"收件箱"旁边的"（1）"代表有一份未读邮件。勾选邮件后可点击"删除""移动"等命令修改邮件状态。

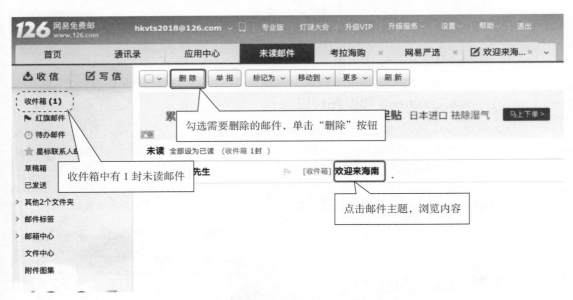

图 6-11 查看"收件箱"及"删除"邮件

（5）单击上图中的"写信"按钮，在"收件人"输入框中填写好友的邮箱地址，输入邮件"主题"，在"内容"编辑框内填写信息，最后单击"发送"按钮，邮件就发送完成。

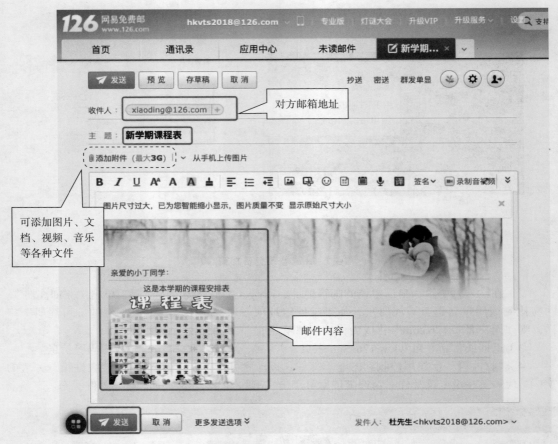

图 6-12　撰写新邮件

二、Microsoft Outlook 收发邮件设置

Microsoft Office Outlook 是微软办公软件套装的组件之一，它对 Windows 自带的 Outlook express 的功能进行了扩充。Outlook 的功能很多，可以用它来收发电子邮件、管理联系人信息、记日记、安排日程和分配任务。

1. 向导配置

在使用 OUTLOOK 之前，先设置自己的邮箱账号及 POP3 或 IMAP 服务器地址。

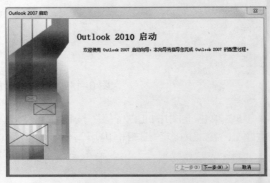

1   2

3（是否设置邮件服务器信息）　　　　　4（添加邮件账号）

图 6-13　向导配置

2.Outlook 2011 设置

（1）运行 Outlook 2011，点击"文件"菜单，选择"信息"，点击"添加帐户"，进入新帐户添加向导。

（2）选择"电子邮件帐户"，单击"下一步"。

（3）选择"手动配置服务器设置或其他服务器类型"，单击"下一步"。

（4）选择"Internet 电子邮件"，单击"下一步"。

（5）填写用户邮箱信息。

1

2

3　　　　　　　　　　　4

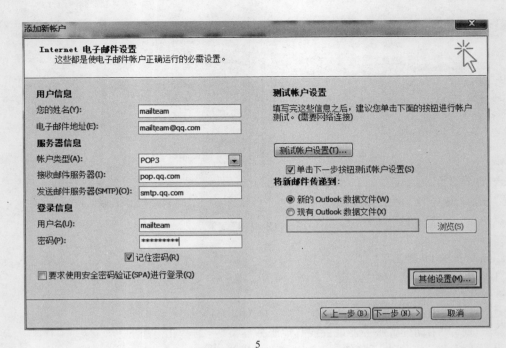

5

图 6-14　Outlook 2011 配置

知识链接

（1）电子邮件（E-mail）：是 Internet 上使用最广的应用服务，它和普通邮件的用途相同，但比普通邮件更快、更方便、更廉价、更安全，用户几秒钟之内可以发送邮件到世界上任何指定的目的地。这些电子邮件可以是文字、图像、声音等各种形式。电子邮箱就像是被划分成若干区域的一块硬盘，接收的邮件将保存在用户的信箱内，用户寄出去的邮件通过 Internet 投递到对方的信箱中。由于邮件服务器 24 小时开机，无论用户是否开机或上网，所有寄出给用户的邮件都将正常投递到信箱中，用户上网后从信箱中取出就可以阅读了。许多大型商用网站都提供免费的电子邮箱服务，如微软（www.hotmail.com）、苹果（www.me.com）、网易（www.126.com）、腾讯（www.mail.qq.com）等。电子邮件（E-mail）格式和普通邮件一样，必须填写收件人姓名和地址，每个用户的邮箱都有一个唯一的地址，如 xiaoding@126.com，其中，"xiaoding" 为用户名，"@" 为电子邮箱特殊符号，意义是 at（在……上面），"126.com" 为收发邮件服务器的域名地址。

（2）POP3：是 Post Office Protocol 3 的简称，是因特网电子邮件的第一个离线协议标准，即邮局协议的第 3 个版本，是 TCP/IP 协议族中的一员（默认端口是 110）。本协议主要用于支持使用客户端远程管理在服务器上的电子邮件。它规定怎样将个人计算机连接到 Internet 的邮件服务器和下载电子邮件的电子协议。POP3 允许用户从服务器上把邮件存储到本地主机（即自己的计算机）上，同时删除保存在邮件服务器上的邮件，POP3 服务器是遵循 POP3 协议的接收邮件的服务器，专门用来接收电子邮件。

（3）IMAP：全称是 Internet Mail Access Protocol，即交互式邮件存取协议，是一个应用层协议（端口是 143）。用来从本地邮件客户端（Outlook Express、Foxmail、Mozilla Thunderbird 等）访问远程服务器上的邮件。它是跟 POP3 类似的邮件访问标准协议之一。不同的是，开启了 IMAP 后，您在电子邮件客户端收取的邮件仍然保留在服务器上，同时在客户端上的操作都会反馈到服务器上，如删除邮件、标记已读等，服务器上的邮件也会做相应的动作。所以，无论从浏览器登录邮箱或者从客户端软件登录邮箱，看到的邮件以及状态都是一致的。

任务检测

（1）在大型的商用网站（网易、新浪、腾讯、微软等）上申请一个免费的电子邮箱。

（2）给自己的同班同学和老师分别发送一封文本邮件和一张贺卡。

任务 24 资源下载及共享

学习目标

（1）了解各种下载协议

（2）掌握 IE 浏览器下载功能

（3）掌握百度网盘的使用方法

任务分析

互联网是一个大型的资源共享平台，在上面有许多免费的软件、视频、音乐等，通过下载使用可以有效提高工作效率。人们也可以把自己的信息以及资源共享给他人使用。

任务实施

一、使用 IE 浏览器下载安装"迅雷"软件

迅雷是迅雷公司开发的互联网下载软件。它是一款基于多资源超线程技术的下载软件，是目前互联网中使用率较高的下载软件。其兼容大多数主流浏览器（IE、Firefox、Chrome、Opera），全协议支持（HTTP、FTP、BT、P2SP、Ed2k、MMS、RTSP），而且还支持离线下载，人们只需提交任务链接，云端准备完成后即可高速下载。

打开迅雷产品中心网站（dl.xunlei.com）或到百度中搜索"迅雷下载"，单击迅雷产品中心首页中的"立即下载"按钮，保存迅雷 X 并安装文件到本地。

图 6-15　使用 IE 浏览器下载迅雷

二、使用百度网盘

在日常工作和生活中，我们身边的文件越来越多。怎么才能安全、快捷地保存这些文件？U 盘容易坏、容易中毒、容易丢失、容易忘记携带……百度云可以解决这些问题，无论任何人在任何时间、任何位置、任何平台、任何应用都可以让文件跟着自己走。有了自己的百度云空间，就可以随时随地分享文件、图片、音乐、视频。

（1）申请百度云帐号。打开百度网盘首页（https：//pan.baidu.com），单击"立即注册"按钮。

图 6-16　百度云登录界面

（2）在注册窗口填写手机号、用户名、短信激活码等内容，然后单击"注册"完成。

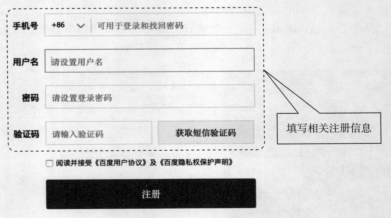

图 6-17　申请百度云

（3）返回首页，使用刚申请的手机号或邮箱号登录百度网盘主页面。

图 6-18　百度云管理主页面

（4）上传文件到百度云网盘。单击网盘主页的"上传"按钮，选择计算机中需要上传的文件或文件夹，在弹出的添加对话框中选择需要添加的文件（使用控制键"CTRL"或"Shift"可同时添加多个文件），单击"保存"按钮，文件就成功添加到网盘中了。

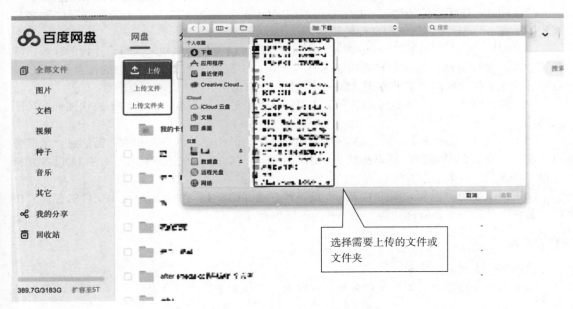

图 6-19　上传文件或文件夹

（5）下载及分享百度云资源。勾选"网盘"中需要下载的文件，单击"下载"或"分享"命令按钮，弹出文件下载页面，单击"普通下载"，把文件保存到本地磁盘上。单击"分享"命令按钮，在弹出的页面窗口中单击"创建公开链接"，把公开链接地址复制到微博、微信、人人网等。如果需要创建带有访问权限的链接，可以选择"私密分享"按钮。

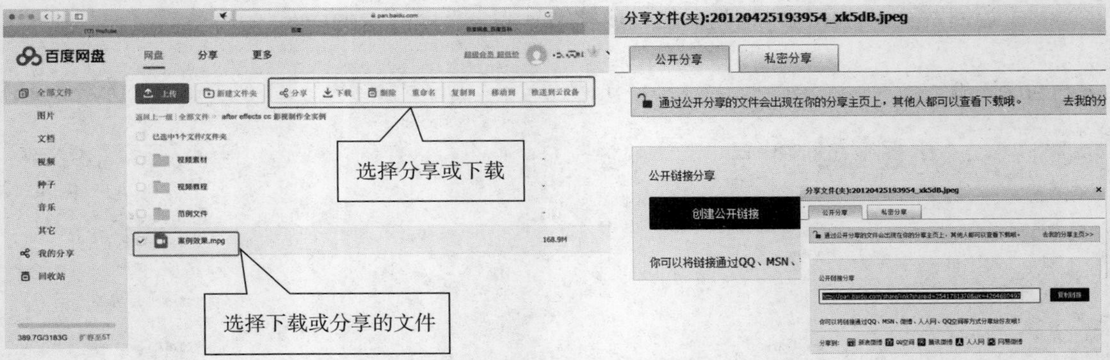

图 6-20　百度网盘中的文件下载及分享

对于百度网盘，除了用浏览器登录方式进行管理外，还可以通过下载电脑客户端或手机客户端，通过终端设备来管理和分享资源。其使用方法和浏览器版本操作类似。这真正实现了让文件随时随地跟着我们走。

知识链接

（1）HTTP。超文本传输协议（Hyper Text Transfer Protocol）是互联网上应用最为广泛的一种网络协议，它允许将超文本标记语言（HTML）文档从 Web 服务器传送到 Web 浏览器。

（2）FTP。是文件传输协议（File Transfer Protocol），通过 FTP 程序（服务器程序和客户端程序）在 Internet 上实现远程文件的传输。

（3）P2P。点对点协议（Peer to Peer）是一种新的网络文件传输技术，每台连接的计算机既是客户端又是服务端，连接的计算机越多速度就越快，资源无须集中在特定的几台服务器上，是目前传送文件时使用最多的方式。常见的下载软件有迅雷、QQ 旋风、电驴等。

（4）断点续传。是指下载中断后，下次可以从断开处继续下载。目前的下载软件都支持断点续传。

（5）云服务。是一种新兴的资源共享架构方式，它是指通过网络来获取所需信息。云服务可以将企业所需的软硬件、资料都放到网络上，在任何时间、地点，使用不同的 IT 设备互相连接，实现数据存取、运算等目的。

（6）网络硬盘。也称"网络 U 盘"，是一种在线存储服务，可向用户提供文件的存储、访问、备份、共享等文件管理功能，是一种新的资源存储方式。

任务检测

（1）申请百度网盘帐号。

（2）上传自己喜欢的照片或歌曲到百度网盘中，并分享百度网盘中的文档、图片、视频给好友。

任务 25　网络购物

学习目标

（1）了解网络购物的基本流程

（2）学习如何在淘宝网购物

（3）掌握网上电子银行的使用方法

任务分析

"网络购物"是时下最流行的词汇，用户足不出户就可以找到中意的商品。对于很多人来讲，网店还成为他们自主创业的一个平台。通过网络购物以及管理自己的财务，已经成为人们的一种生活方式。

任务实施

一、了解各大网购站点的基本流程

有名的网购站点如淘宝网（www.taobao.com）、京东（www.jd.com）等，其购物流程大同小异：申请账户→用户登录→商品浏览→放入购物车→选择付款方式→生成订单→付款→等待物品→确认收货→完成。

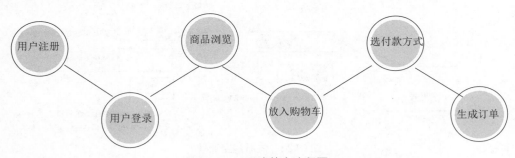

图 6-21　网购基本流程图

二、申请淘宝网帐号

（1）登录淘宝网（www.taobao.com）主页，单击"免费注册"按钮连接。

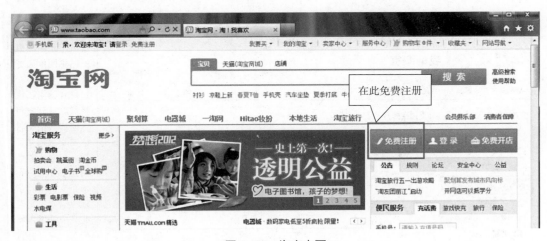

图 6-22　淘宝主页

（2）在输入框内输入注册信息（会员名、密码、验证码），单击"同意以下协议并注册"按钮，输入用户手机号，单击"提交"按钮，输入手机收到的校验码，单击"验证"按钮，完成注册。

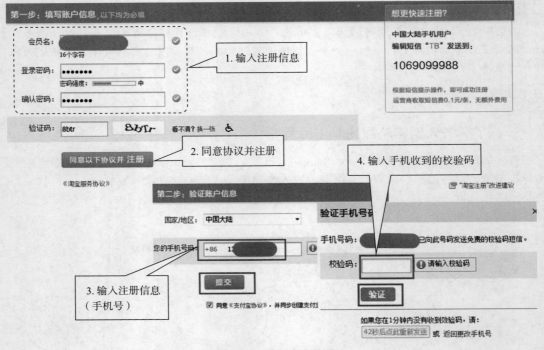

图 6-23　注册淘宝账号

三、激活支付宝

（1）单击首页"我的淘宝"，在出现的界面中单击"账号管理"菜单按钮，选择"支付宝账户管理"，"点此激活"链接。

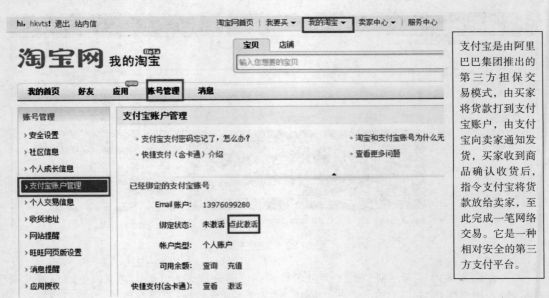

图 6-24　激活支付宝

（2）在输入框内填写个人账户信息（真实姓名、身份证号等），完成后单击"下一步"，在列表中选择与用户关联的银行，单击"下一步"完成整个激活过程。

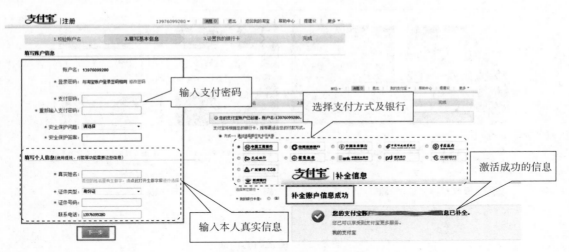

图 6-25　激活步骤向导

四、搜索及购买商品

（1）访问淘宝首页（www.taobao.com），在文本框内输入想要购买的商品名称进行搜索。

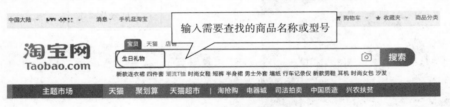

图 6-26　搜索商品

（2）满足条件的商品将被罗列出来，用户可以根据价格、信用度、成交量等来选择商家。选择好商品后点击"商品链接"进行购买。

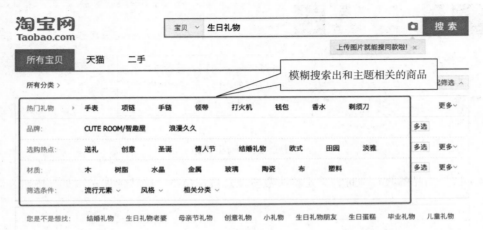

（1）

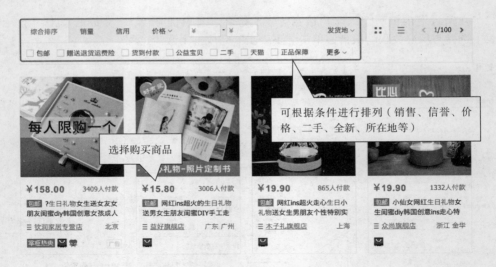

（2）

图 6-27　搜索到的商品

（3）根据条件，选择商品型号，单击"立刻购买"按钮。

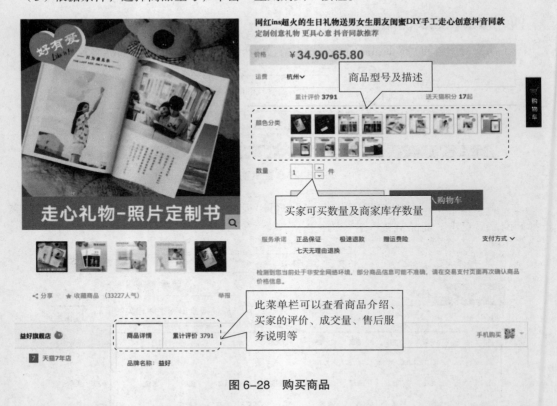

图 6-28　购买商品

（4）选择商品的收货地址，确定购买数量及总价，单击"确认无误、购买"按钮，进入付款界面。

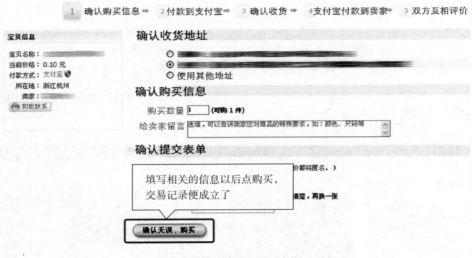

图 6-29　选择收货地址

（5）选择付款方式后单击"下一步"完成付款操作。

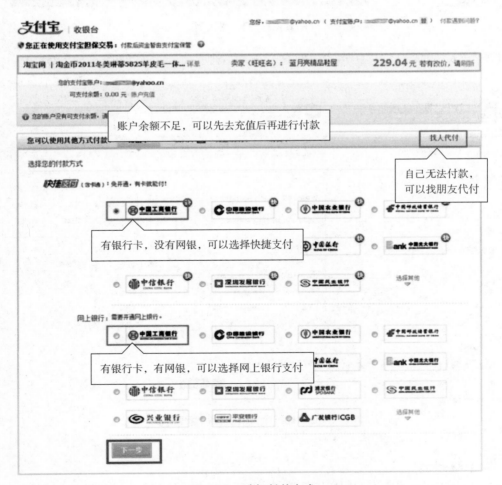

图 6-30　选择付款方式

五、开通网上银行

目前网上申请网银，只能浏览自助服务功能及查看账号信息，不能进行资金交易。如果需要进行网络付款，只能到银行柜台办理申请并签约协议才可开通使用。

（1）登录中国建设银行（www.ccb.com）首页，单击"网上银行服务"按钮进入登录页面。

图 6-31　建行主页面

（2）输入证件号后按"登录"按钮，进入账号管理页面，就可以进行各种自助服务。

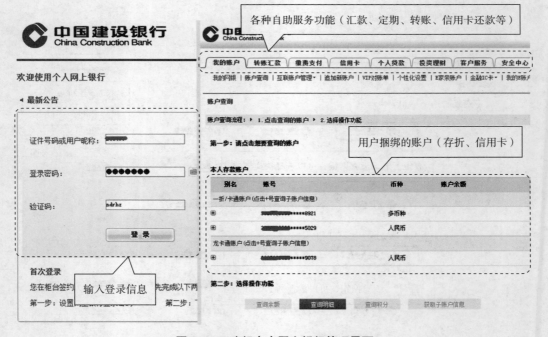

图 6-32　建行个人网上银行管理界面

知识链接

（1）电子商务。是在互联网环境下借助计算机技术与网络技术，买卖双方进行各种商贸活动，实现网上购物、在线电子支付等的交易行为。它是一种新型的商业运营模式。

（2）网上银行。是指通过 Internet 技术，向客户提供各种银行服务项目，使客户足不出户就能够安全便捷地管理信用卡、活期和定期账户，完成存款、付款、转账及个人投资等。网上银行功能同银行柜台办理无异。

（3）B2B。是指企业与企业之间借助专用网络或 Internet 开展交易活动、进行数据信息的交换与传递的一种商业模式。它把企业内部网和企业的产品与服务通过 B2B 网站或移动客户端与客户紧密结合起来，为客户提供及时周到的服务。

（4）B2C。是商家直接面向消费者销售商品和服务，是一种在线商业零售模式。如商家在淘宝网、京东网上向消费者销售商品和服务。

（5）团购。是通过互联网的凝聚力把不同地域的消费者集中起来购物，以得到商店最优惠的价格。它是近年较流行的一种购物方式。如在美团网、糯米网上团购等。

（6）电子银行。指银行利用 Internet 技术，向客户提供开户、销户、查询、对账、行内转账、跨行转账、信贷、网上证券、投资理财等传统服务项目，使客户足不出户就能安全便捷地管理活期和定期存款、支票、信用卡及进行个人投资等。电子银行已成为人们管理个人财务的一条快捷通道。

与您分享

如何提高网购的安全性

（1）选择大型网上商店购物（京东商城 www.JD.com，新蛋 www.newegg.com.cn，拍拍网 www.paipai.com，淘宝网 www.taobao.com 等）

（2）购买商品或转账时，付款人与收款人的资料要填写准确，避免收发货物错误。

（3）查看商品是否是商家实物拍摄，信誉高的商家一般不会盗用他人图片。

（4）查看商家的信用度以及商品的买家评价。

（5）购买时要通过淘宝旺旺和商家了解货物问题，看下商家的态度和耐性。

（6）网络付款时要使用安全级别较高的付款方式，如 U 盾、银行口令卡等。

（7）尽量避免用信用卡付款，因为信用卡付款的安全级别较低，容易泄露个人卡号信息。

（8）需购物的电脑要安装防护软件，如 360 安全卫士、QQ 电脑管家等。

（9）不要直接打开商家通过 QQ、短信所发的商品链接，这些往往是伪装的假网址。

（10）购买商品时，不要直接汇款到对方账号，必须通过第三方担保平台付款。如支付宝或财付通。

任务检测

（1）到淘宝网申请一个账号并激活支付宝。

（2）通过淘宝网购买一本自己喜欢的书并完成订单。

（3）讨论网上购物和实体店购物的优与劣。

（4）使用自己的信用卡或存折开通网上银行，并了解各种自助服务功能。

综合操作篇

综合实训 1　Windows7 系统操作

【实训 1】

以下所有操作在【实训 1】文件夹下完成。

（1）将 AOWEL 文件夹中的文件 DISH.IDX 重命名为 SPAIN.FPT。

（2）将 NATURA 文件夹中的文件 WATE.BMP 设置为存档和隐藏属性。

（3）将下 RAMS 文件夹中的文件夹 COLONS 删除。

（4）将 STAGNA 文件夹中的文件 HELLO.DOC 复制到 MOISTU 文件夹中。

（5）在 VEN 文件夹中新建一个文件夹 MNT。

（6）将 SKY 文件夹中的文件 SUN.TXT 移动到 UNIVER 文件夹中，并重命名为 MOON.PPT。

（7）为 UNIVER 文件夹中的文件 apple.pub 创建名为 apple 的快捷方式，并存放在【实训 1】中。

（8）在【实训 1】文件夹中搜索扩展名为 ".NBA" 的文件，并移动到【实训 1】中。

【实训 2】

以下所有操作在【实训 2】文件夹下完成。

（1）将 GREEN 文件夹中的 TREE.TXT 文件移动到 SEE 文件夹中。

（2）在 SEE 中创建文件夹 GOOD，并设置属性为隐藏。

（3）将 RIVER 文件夹中的 BOAT.BAS 文件复制到 SEA 文件夹中。

（4）将 THIN 文件夹中的 PAPER.THN 文件删除。

（5）为 OUT 文件夹中的 PLAYPEN.EXE 文件建立名为 PLAYPEN 的快捷方式，并存放在【实训 2】中。

（6）在【实训 2】中搜索扩展名为 ".xlsx" 的文件，重命名为 "uuc.xlsx"。

【实训 3】

以下所有操作在【实训 3】文件夹下完成。

（1）将 ANPA 文件夹中的 RANGHE.COM 文件复制到 EDZA 文件夹中，并将该文件命名为 SHEN.BAK。

（2）在 WOE 文件夹中创建名为 YPP.TXT 的文件，并设置属性为只读和存档。

（3）为 BHEWL 文件夹中的 HNEWS.EXE 文件建立名为 KNEW 的快捷方式，并存放在【实训 3】中。

（4）将 AACYL 文件夹中的 ARLQM.MEM 文件移动到的 LEPO 文件夹中，重命名为 MICRO.MEM。

（5）搜索文件夹下的 AUTOE.BAT 文件，然后将其删除。

【实训 4】

以下所有操作在【实训 4】文件下完成。

（1）将 BING 文件夹中的文件 NEWFILE.FPT 重命名为 FILE.CDX。

（2）将 SANK 文件夹中的文件 GDOC 复制到 PHILIPS 文件夹中，并重命名为 BATTER。

（3）将 JUISE 文件夹中的子文件夹 YELLOW 的隐藏属性撤销。

（4）在 CRT 文件夹中新建一个名为 WOOD 的文件夹。

（5）将 POUNDER 文件夹中的文件 NIKE.PAS 移动到 NIXON 文件夹中。

（6）将 BLUE 文件夹中的文件 SOUPE.FOR 删除。

【实训 5】

以下所有操作在【实训 5】文件夹下完成。

（1）将 ASS\COMMON 文件夹中的文件 LOOP.IBM 移动到 GOD 文件夹中，并将该文件改名为 JIN.WRI。

（2）为 MAGA 文件夹中的文件 CIRCLE.BUT 创建名为 CTR 的快捷方式。

（3）将 HOUSE 文件夹中的文件 BOOK.TXT 删除。

（4）将 DAWN 文件夹中的 BEAN.PAS 文件的只读和隐藏属性撤销。

（5）在 SPID 文件夹中建立一个新文件夹 NET。

（6）将 ARMS 文件夹中的文件 VERS.PAN 再复制一份，并命名为 INI.FOR。

【实训 6】

以下所有操作在【实训 6】文件夹下完成。

（1）将 MAND 文件夹中的文件 AEFRESH.HLP 移动到 ERASE 文件夹中，并重命名为 WEAM.ASW。

（2）将 ACENTRY 文件夹中的文件 ANOISE.BAK 重命名为 ABIN.DOC。

（3）将 AROOM 文件夹中的文件 D.WRI 删除。

（4）将 FOOTBAL 文件夹中的文件 SOOT.FOR 的只读和隐藏属性撤销。

（5）在 FORM 文件夹中新建一个文件夹 SHEET。

（6）将 MYLG 文件夹中的文件 WEDNS.PAS 复制到同一文件夹中，并命名为 SUNDAY.OBJ。

【实训 7】

以下所有操作在【实训 7】文件夹下完成。

（1）将 VEN 文件夹中的文件 TY.WAV 删除。

（2）在 WONDFULU 文件夹中新建一个文件夹 ICELAND。

（3）将 SEAK 文件夹中的文件 REAMOVE.HLP 移动到下 TLKA 文件夹中，并重命名为 SWER.DUL。

（4）将 SCREET 文件夹中的文件 VENUE.OBJ 复制到 TIGE 文件夹中。

（5）将 SPY 文件夹中的文件 MBER.TXT 重命名为 GOODMAN.FOR。

（6）将 MAIN 文件夹中的文件 REDHORSE.BAS 设置为隐藏和存档属性。

【实训 8】

以下所有操作在【实训 8】文件夹下完成。

（1）将 BPA 文件夹中的 RONG.COM 文件复制到下 ADZK 文件夹中，并将该文件命名为 HAI.BAK。

（2）在 WUEN 文件夹中创建名为 ABC.TXT 的文件，并设置属性为只读和存档。

（3）为 AHEWL 文件夹中的 BNEWS.EXE 文件建立名为 BRNW 的快捷方式，并存放在【实训 8】文件夹中。

（4）将 GACYL 文件夹中的 RQM.MEM 文件移动到 EPO 文件夹中，重命名为 MGIRO.MEM。

（5）搜索文件夹下所有扩展名为".LOG"的文件，然后将其删除。

【实训 9】

以下所有操作在【实训 9】文件夹下完成。

（1）将 HEART.FOR 文件复制到 QWE 文件夹中。

（2）将 BET 文件夹中的 DNUM.ABC 文件删除。

（3）为 EAT 文件夹中的 BOY.EXE 文件建立名为 GO 的快捷方式，并存放在【实训 9】文件夹中。

（4）将 COM 文件夹中的 OUTLO.TXT 文件移动到【实训 9】文件夹中，并重命名为 PENSO.TXT。

（5）在 GOUMQ 文件夹中创建名为 ACCEP 的文件夹，并设置属性为隐藏。

【实训 10】

以下所有操作在【实训 10】文件夹下完成。

（1）将 SUD 文件夹中的 HAI.TXT 文件的只读属性撤销，并设置为存档属性。

（2）将 ZHAN 文件夹移动到 BOWN 文件夹中，并改名为 HUB。

（3）将 ZIP 文件夹更名为 MODOM，并在其中创建名为"MM"的文本文档。

（4）将 FOX\VEL 文件夹中的文件 WU.CDX 移动到【实训 10】下的 BIRDAY 文件夹中，并改名为 YANG.BPX。

（5）将 GATS\IOS 文件夹中的文件 JEEP.XLSX 删除。

【实训 11】

以下所有操作在【实训 11】文件夹下完成。

操作应在关键步骤上截图（用 Alt+PrintScreen 键或 PrintScreen 键），以各小题题号命名，并保存在【实训 11】文件夹中：

（1）启动"控制面板"，使用"用户账户和家庭安全"，给当前账户设置密码，密码为：123456。

（2）在计算机中添加一个新的受限账户"ABB"，并设置密码为1000；

（3）为计算机安装 Canon InkJet MP530 FAX 打印机驱动，打印机连接上后能工作。

（4）在"控制面板"中进行相应设置，使屏幕上的文本大小为"较大"。

（5）将 windows7 的主题设置为"lone"，然后将屏幕保护程序设置为"气泡"，2 分钟后启动效果。

（6）在"控制面板"中设置桌面上不显示的"回收站"图标，"网络"图标用其他图标图案替换。

（7）启动写字板软件，输入自己的专业、班级和姓名，并以"个人简介"为名保存在"学校"文件夹中。

（8）使用其他图片，代替原来的桌面背景。

（9）打开两个窗口，让其在桌面上并排显示。

（10）让桌面的图标都变为不可见（不显示桌面图标）。

【实训 12】

以下所有操作在【实训 12】文件夹下完成。

（1）在"工作"文件夹中新建"考勤""培训""会议""外出""活动"五个文件夹。

（2）在"会议"文件夹中新建"外部会议""内部会议"两个文件夹。

（3）把相应的文件和文件夹移动到相应的文件夹里面。

（4）在活动中新建名为"第一张"的ＢＭＰ的文件。

（5）在"活动"文件夹中新建名为"活动"的文本文档。

【实训 13】

以下所有操作在【实训 13】文件下完成。

（1）删除 AB 文件夹中所有以 .xlsx 为扩展名的文件和以"v"开头的文件夹。

（2）移动 CD 文件夹中的 at.pptx 文件到 EF 文件夹中，复制 CD 文件夹中的 gg.docx 文档到 EF 文件夹中。

（3）把 GH 文件夹中的文件 asd.bmp 重命名为 ccc.bmp。

（4）把文件夹中的 vvv.txt 文件移动到 AB 文件夹下的 cc 子文件夹中。

（5）为 JK 文件夹中的 uu.docx 文件创建名为 PP 的快捷方式，并移动到主目录下。

（6）在本文件夹中找到 rice.pptx 文件，并移动 CD 文件夹中。

综合实训 2　Word2010 文字处理软件操作

【实训 1】

按要求完成以下操作：

（1）打开 word2010 文字处理软件，在空白文档中录入下图中的文字，然后保存在以自己名字命名的文件夹中。

> 公司简介
> 国际大酒店建于 1999 年 9 月，拥有总客房 770 间，餐位 800 个，大小会议室 10 个，达到国际四星级标准。酒店高 25 层，拥有多套欧美及中式豪华标准房、行政房、套房及多个风格迥异的餐厅、娱乐商务设施。
> 国际大酒店是一座高档花园式商务酒店，酒店拥有近 6000 平米的花园，素有"花园宾馆"之美称。
> 国际大酒店座落在 XX 繁华商务区，毗邻南京路、淮海路、距 XX 国际机场城市航站楼步行仅 10 分钟，交通便利，是商务客人最佳的选择。
> 我们的员工秉承"宾客至上，服务第一"的宗旨，以优秀的建筑、完善的设施、精美的佳肴、一流的服务，竭诚为您提供尽善尽美的服务。
> 　　联系方式
> 酒店地址：中国 XX 乌鲁木齐北路 6 号
> 邮政编码：600088
> 联系电话：086-68888888

（2）打开 WD（1）DOCX 文档，完成以下操作：

在第一段前增加一行，录入标题"国际大酒店一月份工作计划"。

删除文中"重点强调……等方面"这句话。

将第三点内容和第五点内容互换。

将文中的"重点"替换为"重心"。

【实训 2】

打开"WD（2）DOCX"文档完成以下操作：

（1）在标题下录入第一自然段，内容为以下样文：

> 　　Microsoft Word　是全球通用的字处理软件，世界 98% 的用户用于处理工作和生活中的事务。因为 Word 适于制作各种文档，如信函、传真、公文、报刊、书刊和简历等。Word 不仅改进了一些原有的功能，而且添加了不少新功能。与以前的版本相比较，Word　的界面更友好、更合理，功能更强大@为用户提供了一个智能化的工作环境。

（2）将刚录入好的第一自然段复制到最后一段。

（3）第三点内容有重复，将其中重复的一个段落删除。

（4）将第一方面内容和第四方面内容互换位置。

（5）将文中的"Word"改为红色、黑体、加下划线的"Word2010"。

（6）将文档另存为"w1 提高 .docx"，存放在以自己名字命名的文件夹中。

【实训 3】

打开"WD（3）docx"文档，完成以下操作：

（1）设置纸张大小为 A4 纸，页边距为：上（2）6 厘米、下（3）5 厘米、左右均为（3）2

厘米。

（2）设置页眉为堆积型，输入"音乐的魅力"页眉标题。

（3）将第一行标题居中，字体为华文行楷，三号字加双下划线，字符间距加宽（1）6磅；最后一行右对齐，字体为华文行楷、四号字、倾斜。

（4）将正文字体字号设置为楷体、小四。

（5）将正文首行缩进2个字符（或0.75厘米）。

（6）将正文第一个字设置为首字下沉2行。

（7）将段落行距设为（1）5倍，标题与第一段段后间距为0.5行；第二段左右各缩进1个字符。

（8）将第一段分为三栏，栏间距为（1）5字符；第二段字体颜色为绿色，加粗。

（9）完成操作后以原文件名保存在以自己名字命名的文件夹中。

【实训4】

打开"WD（4）docx"文档，完成以下操作：

（1）设置页面纸张大小为A4纸，页边距为上（2）5厘米、下3厘米；左右为（3）5厘米。

（2）设置页眉为边线型，插入页码为马赛克，并将"科普论坛"设为页眉标题，字号为五号、加粗、倾斜、下边双实线。

（3）将第一行标题居中，字体为黑体、三号字、加粗，文字效果为填充－白色，渐变轮廓－强调文字颜色。

（4）将正文字体、字号设置为宋体、小四；第三段字体加粗。

（5）将正文首行缩进2个字符（或0.75厘米）。

（6）将正文第一个字设置为首字下沉2行。

（7）设置段落行距为固定值18磅，段前、段后行距0.5行；第二段左右缩进2字符。

（8）给第二段文字添加黄色底纹，字体颜色为蓝色。

（9）将第四段分为两栏，第一栏宽度为1（2）5字符，栏间距为（1）5字符，加分隔线。

（10）完成后以原文件名保存在以自己名字命名的文件夹中。

【实训5】

打开"WD（5）docx"，完成以下操作：

（1）将"应聘登记表"中的"联系方式"单元格拆分成2列1行的两个单元格。

（2）删除"学习工作经历"下面的空行。

（3）合并"学习工作经历"这行的5个单元格成为一个单元格，并将此行添加白色、背景1、深色35%的底纹。

（4）在表格最后添加一行。

（5）设置表格外边框为红色细实线，内框为蓝色虚线。

（6）将表格2中的基本工资按降序排序，用公式完成实发工资的运算（实发工资＝基本工资＋奖金），结果显示在相应的单元格中。

【实训6】

打开"WD（6）docx"，完成以下操作：

（1）将第一部分的文字转化成表格，表格中的文字水平居中；单元格列宽为（2）5厘米，高为0.7厘米；套用表格样式中的"浅色底纹—强调文字颜色1"设置表格。

（2）将第二部分的表格转换为文字。

【实训 7】

打开"表格制作 .docx"文档，按照所给样张制作表格：

（1）将文档中的文字设置为宋体、五号、加粗。

（2）所有单元格上、下边距为 0.1 厘米。

（3）"上午""下午"和"晚修"所在单元格列宽为（1）7 厘米，高度为 0.7 厘米。

【实训 8】

打开"家 .docx"文档，完成操作：

（1）在正文前插入艺术字"家在途中"，字体为隶书，32 号；艺术字式样为渐变填充 – 黑色，轮廓 – 白色，外部阴影；文本效果为转换的倒三角，文本填充为水绿，强调文字颜色 5，深 50%；形状效果为阴影的向左偏移，柔化边缘为 1 磅。

（2）在第二栏中插入一张建筑类家的剪贴画，剪贴画与文字为紧密环绕型。

（3）在文章末尾插入一张"郁金香 .jpg"的图片，设置图片大小为高 4 厘米、宽 15 厘米，版式为紧密型。

（4）设置页面背景为水印效果，选择"果果 .jpg"图片为背景，缩放效果为冲蚀。

【实训 9】

打开"国际大酒店知识问答 .doc"，制作文章的目录。

【实训 10】

打开"信封 .doc"，通过邮件合并完成三个记录的合并。

综合实训 3　EXCEL2010 电子表格处理软件操作

【实训 1】

（1）打开 EXCEl2010，在 sheet1 中制作如下样式的前三条记录数据表，制作完成后以"清单 .xlsx"文件名保存在以自己名字命名的文件夹中。

旺旺超市销售清单

商品代码	商品名称	商品单价	单位	数量	小计
1	大草原半斤装牛奶	1	袋	12	
2	鹿维营幼儿奶粉	17.8	袋	35	
3	康达饼干	3.6	包	20	
4	成成香瓜子	5.5	包	22	
5	良凉奶油冰激凌	7.9	盒	12	
6	正中啤酒	2	瓶	78	
7	小幻熊卫生纸	12.8	袋	33	
8	皮皮签字笔	2.1	支	12	
9	虎妞毛巾	8.1	条	10	
10	丝柔洗头水	30.2	瓶	8	
11	爽特抗菌香皂	3.1	块	5	

（2）打开"EXCEL（1）xlsx"完成以下操作：

在 sheet1 工作表中"姓名"列前插入一列，字段名为"学号"，并填充序列号"1、2、3……"。

将"李光祖"和"周亚军"两条记录所在行删除。

将"物理"和"数学"两列交换位置。

将工作表 sheet1 命名为"成绩表"。

将"提高"工作表中的"职工情况表"按样式制作完成。

【实训 2】

打开"EXCEL（2）xlsx"完成以下操作：

（1）将 sheet1 表格的标题 A1：G1 合并居中，字体为华文行楷，字号 20，加粗；其余文字水平居中。

（2）将表格头行字字体加粗；表格的第一列加粗；将数据区域的数值设置为货币样式，无小数位。

（3）在标题行下面插入一个空行，行高为 6。

（4）将表格标题加上红色底纹，填充白色背景 1、深色 25% 的图案颜色和（6）25% 的灰色图案样式，白色字体。

（5）给工作表加入"Blue.jpg"图片作为背景。

（6）插入 sheet4 工作表，将 sheet1 工作表内容复制到 sheet2 中，再将工作表名 sheet2 重命名为"上半年"。

（7）除标题外，给所有加边框线：外边框为红色双实线，内边框为蓝色虚线。

（8）给表格设定"套用样式—浅色 2"。

思考提高

在"提高"工作表中完成以下操作：

（1）将 B3：E3 单元格区域合并居中，字体格式为绿色、隶书、20 号、加粗。

（2）除标题外，其余文字为宋体、14号、加粗，水平居中。

（3）在标题行下插入一空行，行高为10，适当调整"商品名称"所在列列宽。

（4）单价和总价所在列的数字为货币格式，加上货币符号，保留两位小数。

（5）给"商品名称"所在列添加"白色背景1、深色15%图案颜色"，图案样式为（6）25%的灰色底纹。

（6）在数量列中，大于30的加上红色底纹。（提示：用条件格式完成）

（7）给表格套用"样式浅色4"，将"提高"工作表重命名为"统计表"，工作表标签颜色为红色。

【实训 3】

打开"EXCEL（3）xlsx"按以下要求操作：

（1）在sheet1中使用公式，在相应的位置求出总分和平均分的数值。

（2）在sheet2中使用公式，在相应的位置求出总价的值。

（3）在sheet3中使用公式，在相应的位置求出总评分（总评分＝平时成绩 *40%＋考试成绩 *60%；实发工资＝基本工资 * 浮动率＋奖金＋津贴－扣保险金）。

（4）在sheet4中使用函数，在相应的位置求出总分、平均分的数值和名次。

（5）在sheet5中使用函数，在相应的位置求出每年预算中的最大值和最小值。

（6）在sheet6中使用函数（IF函数），当总评分超过60时，在备注栏相应写入"及格"，否则为"不及格"；统计出总评及格人数。

思考提高

（1）在sheet7中使用公式，算出总评成绩为中考和期考之和加上5分。

（2）在sheet7中使用公式，求出平均分的值。

（3）在sheet7中，使用函数求出名次。

（4）在sheet7中，使用IF函数，当平均分为85分以上为"优秀"，大于60分小于85分为"良好"，小于60分的为"差"。

（5）在sheet8中，使用函数求出相应单元格中的值。

【实训 4】

打开"EXCEL（4）xlsx"按以下要求操作：

（1）在sheet1中，使用函数求出相应的单元格中的值。

（2）在sheet2中，使用函数在指定位置求出个人总分sum，个人排名和部门排名rank，奖项等级if，部门总分sumif。个人奖项设一等奖1名，二等奖2~3名，三等奖4~6名；团体奖设一、二、三等奖各1名。

【实训 5】

打开EXCEL（5）xlsx完成以下操作：

（1）在sheet1工作表中，以"总分"为主关键字，按降序排序；以"计算机"为次关键字，按升序排序。

（2）在sheet1工作表中，筛选出所有"总分"高于300分的学生信息，复制到sheet2中。

（3）在sheet1工作表中，筛选出"计算机"成绩高于60分且低于90分的所有学生信息，并将其复制到sheet3中。

（4）在sheet1工作表中，筛选出"计算机"成绩低于60分或高于85分的学生信息，并将其复制到sheet4中。

（5）在 sheet1 工作表中，筛选出"英语"成绩高于 86 分、"计算机"成绩高于 90 分的学生信息，并将其复制到 sheet5 中。

（6）在 sheet1 工作表中，通过高级筛选在数据表格前插入三行，条件区域设在 A1：G2 单元格区域，筛选出"信息系""英语"和"计算机"成绩不及格的信息。

（7）在 sheet6 工作表中，以"职务"为分类字段，将"总收入"进行"最大值"进行分类汇总。

（8）在 sheet7 工作表中，以"部门"为分类字段，将"基本工资""岗位补助""工资总额"和"实际应付工资"进行"求和"分类汇总。

【实训 6】

打开"EXCEL（6）xlsx"完成以下操作：

（1）在 sheet1 工作表中，以"姓名"为主关键字，按拼音的字母进行升序排序。

（2）在 sheet1 工作表中，将"应扣所得税"为 0 的员工的所有信息以红色字体显示。

（3）在 sheet1 工作表中，筛选出"实际应付工资"小于 4000，且"部门"为"生产部"的员工信息在 sheet2 中显示（用高级筛选）。

（4）在 sheet3 工作表中，以"编号"为页字段，以"农产品名称"为行字段，以"负责人"为列字段，用实缴数量、应缴数量、超额为求和项创建一个数据透视表。

（5）以"图书销售情况表"内的数据内容为清单，在现有工作表的 J9 位置生成一个数据透视表，以"季度"为页字段，按行为"图书类别"、列为"经销部门"、数据为"销售额（元）"求和布局。

【实训 7】

打开"EXCEL（7）xlsx"完成如下操作：

（1）在 sheet1 中，以"姓名"和"语文"为数据源，创建一个分离型三维饼图，布局为最佳匹配显示数值，标题为"期末语文成绩图表"，图例为左侧显示，图表插入在当前表的 A14：G29 区域中，将工作表重命名为"语文成绩图表"。

（2）在 sheet2 中，以"姓名""基本工资""实际工资"为数据源，创建一个簇状柱形图，图表标题为"员工工资图表"，x 轴为"姓名"、y 轴为"元"；坐标轴刻度最大值为 6000，主要刻度单位为 500，背景墙为"花束纹理"填充效果，将图表插入 sheet3 中的 B4 单元格。

（3）在 sheet2 中，以"姓名""实际工资"为数据源，创建一个三维簇状柱形图，切换行/列 y 轴为"元"，更改图表类型为折线图，图标位置为右侧；将图表插入 sheet4 中的 B4 单元格，将工作表重命名为"实际工资图表"。

综合实训 4　　PowerPoint2010 演示文稿软件操作

【实训 1】

（1）建立幻灯片页面一：版式为"标题幻灯片"；标题内容为"安全教育"并设置字体字号为黑体，72；副标题内容为"电子商务班主题班会"，并设置字体字号为宋体，28，倾斜。

（2）建立幻灯片页面二：版式为"只有标题"；标题内容为"（1）安全教育的目的"，并设置字体字号为隶书，36，分散对齐；给标题设置动画效果为"左侧飞入"并伴有"打字机"声音。

（3）建立幻灯片页面三：版式为"只有标题"；标题内容为"（2）安全教育的分类"，并设置字体字号为隶书，36，分散对齐；给标题设置动画效果为"进入—轮子"并伴有"鼓掌"声音。

（4）建立幻灯片页面四：版式为"只有标题"；标题内容为"（3）安全教育的防范措施"，并设置字体字号为隶书，36，分散对齐；给标题设置动画效果为"从下部缓慢移入"并伴有"幻灯放映机"声音。

（5）设置应用设计主题为"引用"。

（6）将所有幻灯片的切换方式设置为"每隔 6 秒"换页。

【实训 2】

（1）建立幻灯片页面一：版式为"只有标题"；标题内容为"PhotoShop 平面设计基础"，并设置字体字号为宋体，48，加下划线。

（2）建立幻灯片页面二：版式为"只有标题"；标题内容为"（1）绪论"，并设置字体字号为仿宋，36，两端对齐；将标题设置"进入 – 旋转"动画效果并伴有"激光"声音。

（3）建立幻灯片页面三：版式为"只有标题"；标题内容为"（2）photoshop 的发展历史"并设置字体字号为宋体，36，两端对齐；给标题设置动画效果为"进入—翻转式由远到近"并伴有"疾驰"声音。

（4）建立幻灯片页面四：版式为"只有标题"；标题内容为"（3）photoshop 的应用领域"并设置字体字号为楷体，36，两端对齐；给标题设置动画效果为"从左上部飞入"并伴有"打字机"声音，"按段落"引入文本。

（5）给所有幻灯片插入幻灯片编号。

（6）选择"大都市"主题应用于演示文稿。

（7）将第一张幻灯片的切换方式设置为"中速，垂直百叶窗"效果。

【实训 3】

按照下图内容创建一个演示文稿：

（1）使用文本框，为第一张幻灯片添加标题"我的推荐书"。

（2）把演示文稿的主题模版设置为"华丽"。

（3）将第二张幻灯片的项目符号改为别的样式。（自定）

（4）在最后一张幻灯片后插入一张新幻灯片，以组织结构图的方式说明自己所学课程情况。分三级说明：第一级，所学习的课程；第二级，一年级课程、二年级课程、三年级课程；第三级，在三年级课程下设置在校课程和实习课程，并对组织结构图附文本注释"学习课程组织结构图"。

【实训 4】

利用组织结构图的知识点，设计如下图所示的结构图，并进行美化，最终效果图如下。

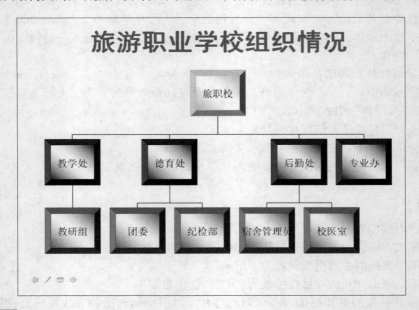

【实训 5】

（1）建立幻灯片页面一：版式为"空白"；在幻灯片页面上面插入艺术字"计算机病毒"（选择艺术字库中第三行第四个样式），并设置字体字号为隶书，72；给艺术字设置"菱形"效果并伴有"爆炸"声音。

（2）建立幻灯片页面二：版式为"两栏文本"；标题内容为"（1）病毒的原理"，并设置字体字号为宋体，36，加粗；给标题设置动画效果为"左侧飞入"并伴有"驶过"声音。

（3）建立幻灯片页面三：版式为"标题和内容"；标题内容为"（2）病毒的种类"，并设置字体字号为楷体，36，加粗；给标题设置动画效果为"四轮辐图案"并伴有"拍打"声音。

（4）建立幻灯片页面四：版式为"空白"；在幻灯片页面上插入水平文本框，输入文本"（3）病毒的防范"，并设置字体字号为仿宋，48，加粗，左对齐；设置文本框的高度为 2 厘米、宽度为 28 厘米，文本框位置距左上角、水平为 0 厘米、垂直 5 厘米；给标题设置动画效果为"底部飞入"并伴有"打字机"声音。

（5）给所有幻灯片插入幻灯片编号。

（6）将所有幻灯片的切换方式设置为"单击鼠标"和"每隔 4 秒"换页。

（7）设置放映方式为"循环放映"。

【实训 6】

（1）建立幻灯片页面一：版式为"标题幻灯片"；标题内容为"等腰三角形"，并设置字体字号为华文行楷，72；（3）副标题内容为"——初中几何"，并设置字体字号为楷体，44，倾斜。

（2）建立幻灯片页面二：版式为"只有标题"；标题内容为"等腰三角形及其性质"，并设置字体字号为华文彩云，48，左对齐。

（3）建立幻灯片页面三：版式为"只有标题"；标题内容为"等腰三角形的判定"，并设置字体字号为华文彩云，48，左对齐。

（4）在除标题幻灯片外的所有幻灯片的页眉页脚中，加入固定日期"2018 年 04 月"。

（5）将"2"号幻灯片的颜色设为内置的"暗香扑面"效果。

（6）将所有幻灯片的切换方式设置为"中速，从左上部揭开"效果，只单击鼠标换页。

【实训 7】

（1）建立幻灯片页面一：版式为"空白"；在幻灯片页面上面插入艺术字"怎样学好 PhotoShop 课程"（选择"艺术字库"中第三行第一个样式），并设置字体字号为隶书，66；设置"艺术字形状"为"倒 V 形"，填充颜色为"绿色"。

（2）建立幻灯片页面二：版式为"只有标题"；标题内容为"1. 提高对该课程的兴趣"并设置字体字号为楷体，36，左对齐。

（3）建立幻灯片页面三：版式为"只有标题"；标题内容为"2. 手脑并用，正确地操作、观察老师的示范操作"，并设置字体字号为宋体，36，左对齐。

（4）建立幻灯片页面四：版式为"只有标题"；标题内容为"3. 自己独立操作，并进行尝试设计效果图"，设置字体字号为仿宋，36，左对齐。

（5）在幻灯片页面一、二、三右下角各添加一个链接到"下一页"的"自定义"动作按钮，按钮高度为 2 厘米、宽度为 5 厘米，并在按钮上添加文本"下一页"；在幻灯片页面四右下角添加一个链接到"结束放映"的"自定义"动作按钮，按钮高度为 2 厘米、宽度为 5 厘米，并在按钮上添加文本"结束"。

（6）给所有幻灯片插入页脚，内容为"中高职图像基础"。

（7）设置应用设计主题模板为"波形"。

【实训 8】

1. 新建第一张幻灯片

（1）请在打开的演示文稿中插入一幻灯片，选择版式为"标题，文本与剪贴画"。

（2）在标题处添加标题为"2018 羽毛球中国超级联赛"，设置标题的字号为"54"，字形为"加粗"。

（3）在添加文本处添加"中国稳居金牌榜老大位置"。

（4）在添加剪贴画处添加任意一幅剪贴画。

（5）对标题进行自定义动画设置，样式为"强调，放大 / 缩小"；设置文本的自定义动画为"进入—随机线条"；最后设置剪贴画的自定义动画为"路径—自由曲线"。

（6）设置幻灯片的切换效果为"垂直百叶窗"。

2. 插入第二张幻灯片

（1）选择版式为"空白"。

（2）插入任意形式的艺术字，内容为"信息技术"，并调整到适当大小和位置。

（3）将艺术字的动画效果设置成"进入—左下角飞入"。

（4）在幻灯片中插入"基本形状"中的"笑脸"自选图形（位置和大小不限），设置自选图形的自定义动画效果为"进入—伸展"，方向为"自左侧"。

（5）设置幻灯片的切换效果为"向下擦除"。

3. 插入第三张幻灯片

（1）将演示文稿设计模板设置成"奥斯丁"，插入一张幻灯片，选择幻灯片版式为"标题幻灯片"。

（2）输入标题内容"欢乐 2018！"设置字体为：60 磅，红色（注意：请使用自定义标签中的红色 255，绿色 0，蓝色 0），加粗，黑体。输入副标题内容"我们都去参加"，设置字体为：华文行楷，32 磅。将主标题动画效果设置为"退出—盒状"，副标题动画效果为"退出—翻转式由远及近"，速度为"慢速"。

【实训 9】

（1）建立幻灯片页面一：版式为"只有标题"；标题内容为"阅读材料"，并设置字体字号为仿宋，72，加下划线，分散对齐。

（2）建立幻灯片页面二：版式为"只有标题"；标题内容为"动圈式话筒的原理"，并设置字体字号为黑体，48，两端对齐；在幻灯片页面下添加两个分别链接到"上一页"和"下一页"的"自定义"动作按钮，按钮高度为 2 厘米、宽度为 5 厘米，并在按钮上分别添加文本"上一页"和"下一页"。

（3）建立幻灯片页面三：版式为"只有标题"；标题内容为"磁带录音机的原理"，并设置字体字号为宋体，48，两端对齐；在幻灯片页面下添加两个分别链接到"上一页"和"结束放映"的"自定义"动作按钮，按钮高度为 2 厘米、宽度为 5 厘米，并在按钮上分别添加文本"上一页"和"结束"。

（4）给所有幻灯片插入编号。

（5）将幻灯片的模板设为"沉稳"。

【实训 10】

（1）创建一个有 5 张幻灯片的演示文稿，演示文稿中的每张幻灯片的背景一样，并有如下的内容：

（2）给这5张幻灯片设置切换效果。每2秒钟自动切换到下一页，切换效果为：第一张新闻快播，第二张向下擦除，第三张向上推出，第四张垂直梳理，第五张垂直百叶窗。

【实训11】

（1）插入第一张版式为"只有标题"的幻灯片，第二张版式为"标题和文本"的幻灯片，第三张版式为"垂直排列标题和文本"的幻灯片，第四张版式为"标题和文本"的幻灯片，输入如图所示文本。

（2）在第一张幻灯片上插入自选图形（"星与旗帜"下的"横卷形"），输入如图所示文本。

（3）设置所有幻灯片的背景为"褐色大理石"。

（4）将所有幻灯片标题格式设为宋体，44号，加粗，颜色为白色。

（5）设置文本格式设为华文细黑，32号，加粗，橘红色，行距为2行，项目符号为 ⌘（windings 字符集中）。

（6）在每张幻灯片左下角插入剪贴画（宗教–佛教）如图。

（7）设置第一张幻灯片的各个自选图形的填充颜色为无，字体为隶书，字号为48。

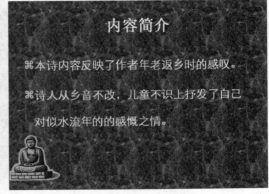

【实训 12】

按照下列样张，设计学校的演示文稿。（说明：所需图片、文字在"素材"文件夹中）